探幽超前智慧　宏扬中华神算

刘徽数学千古谜

◎ 王能超　著

华中科技大学出版社
http://press.hust.edu.cn
中国·武汉

内 容 提 要

　　本书分三卷,旨在探究刘徽数学中三个千古疑案。其一是《海岛算经》,其中九个几何题竟组成了一套通用程序,成就了名为"刘徽勾股"的中华几何学。其二是刘徽"割圆术"中蕴涵有无穷小分析思想和极限观念,比微积分超前一千多年捅开了高等数学大门。其三是刘徽的逼近加速技术,弥补了微积分方法的缺陷与不足,并且为创立未来的新数学提供了有益的启示。

　　本书分别面对数学教育的中学、大学和研究生三个层次,试图用中华先贤的大智慧为今日的数学教改输送正能量。

图书在版编目(CIP)数据

　　刘徽数学千古谜/王能超著.—武汉:华中科技大学出版社,2023.6
　　ISBN 978-7-5680-9501-3

　　Ⅰ.①刘… Ⅱ.①王… Ⅲ.①刘徽-数学-学术思想-研究 Ⅳ.①O1-0

　　中国国家版本馆 CIP 数据核字(2023)第 083188 号

刘徽数学千古谜
Liu Hui Shuxue Qiangumi

王能超　著

策划编辑:王汉江
责任编辑:王汉江
封面设计:原色设计
责任监印:周治超
出版发行:华中科技大学出版社(中国·武汉)　电话:(027)81321913
　　　　　武汉市东湖新技术开发区华工科技园　邮编:430223
录　　排:武汉市洪山区佳年华文印部
印　　刷:武汉科源印刷设计有限公司
开　　本:710mm×1000mm　1/16
印　　张:10.5　插页:4
字　　数:145 千字
版　　次:2023 年 6 月第 1 版第 1 次印刷
定　　价:48.00 元

谨以本书献给我的恩师谷超豪先生！

　　2007 年 8 月，我在杭州参加学术会议期间，听李大潜先生告知谷
超豪先生在上海华东医院住院，学生赶赴上海去医院探视，在病房里
为谷先生拍了这张照片，留下了不尽的思念.

铭感培育我辈成长的恩师们

20 世纪 80 年代初,国产银河机横空出世,国内掀起一股超级计算热。笔者率研究生团队参加了运用银河机勘探地下油层结构的"银河工程",同时进行了超级计算并行算法的研究。

1985 年,笔者在银河机诞生地国防科技大学计算机学院讲学,倡导并行算法设计的二分技术。一代宗师程民德先生肯定了并行算法设计的二分技术,1992 年 5 月他在一份评审意见表中指出:

"王能超教授是我国并行算法设计的先驱者之一,他在这方面有许多独特的重要工作,其中最主要的是他巧妙地运用二分技术于并行算法设计。……正是这些独特的观点,使他在并行算法的研究中取得巨大的、实质性的进展,推动了这门算法设计学的发展。"

1991 年初,笔者应邀在中国科学院超级计算中心作了题为"演化数学与太极思维"的演讲,此后又在科学出版社出版专著《同步并行算法设计》,为"演化数学""二分演化技术"等概念正名,数学大师徐利治先生赞同关于"演化数学"的提法,他在给笔者的一封来信中说:

"我很赞成您用'演化的数学'概念代替'存在的数学'概念。现代数学和未来数学都将以研究'演化与奇异、超常过程的模式'为主要对象。数学的理论思维肯定将进入新的境界。"

笔者在复旦大学攻读研究生时师从谷超豪先生,多年得到先生培养教育与亲切关怀。1964 年 4 月研究生毕业后分配赴武汉工作,先生亲自整理学生毕业论文并发表于《复旦大学学报》。

谷超豪先生治学严谨,品德高尚,是我辈人生的楷模。

前言　数学教改燃眉急

揪人心扉的"钱学森之问"

当代中国杰出科学家浩若繁星,不胜枚举。在人们心目中,钱学森先生当属德高望重的科学大师。先生早年放弃国外的优厚待遇毅然回国效力,为祖国科学事业呕心沥血,做出了名垂青史的不朽功勋。

特别令人崇敬的是先生高尚的人格魅力。先生胸怀坦荡,大公无私,忧国忧民而直言不讳。传说晚年钱先生曾进言国家领导人:

"为什么我们的学校培养不出杰出的人才?"

锋芒毕露,一针见血!这就是揪人心扉的"钱学森之问"。

我中华文明是唯一从未中断过的人类文明,有着五千余年的辉煌历史。中华古代数学为中华文明的进展做出过突出的贡献。只是最近四五百年,中国人在近代工业革命时期落伍了。由于落后中国人受尽了西方列强的欺凌压迫,直至被逼到了关乎民族存亡的紧要关头。中华民族万众一心历经百余年浴血奋斗,才又涅磐重生地傲立于世界的东方。

然而西方列强亡我之心不死,当前仍在虎视眈眈地仇视着中华民族的崛起,正在千方百计地打压我们。面对这种严峻的现实,我中华民族必须尽快地强大起来,尽早地实现民族复兴的伟大事业。

数学教育倡导现代化

人们普遍流行一种看法,现行中学数学传承古希腊数学的一套,欧几里得公理化体系千年不朽,至今仍垄断着中学几何。现行的大学数学,历来是牛顿微积分一柱擎天,无法撼动。面对当代日新月异的信息革命浪潮,数学教改已是势在必行了。

孩子是祖国的花朵,人类的未来。请想一想,现今的中学生,十余年后踏上社会将会面对怎样的科技形势?未来的科技精英应当具备怎样的素质?今天,我们应当为孩子们准备最好的精神食粮,应当经常带领孩子们到世界各地登高望远,欣赏现代科技的大好风光!

公元前 3 世纪左右,古希腊数学家欧几里得完成了鸿篇巨制《几何原本》。这部著作采取公理化的表述方式,把古希腊的几何知识理论化、抽象化、系统化。这种逻辑体系长期被认为是走向真理的必由之路,而且有助于训练人们的思维能力,因而历经两千余年的传承,至今仍是中学几何课本的基本框架。

最近一个多世纪以来,西欧和北美相继发生了数学教育改革运动,教改的矛头首先针对欧氏几何。然而,西方教改的种种方案是否合理,至今尚无定论。

究竟欧氏几何在数学教育中具有怎样的意义,应当占据怎样的地位,至今仍是数学教育领域里的一大前沿课题。

西方近代教改方案纷乱杂陈,西方数学家虽然深切地感受到欧氏几何的弊端,但找不到好的解决办法,陷入弃留不定的两难境地。出路在哪里呢?

数学教育倡导民族化

深陷困境之中的西方数学家根本不了解或者拒绝接受东方的中华古算。他们想象不到,中华古算对现代数学的发展有着重要的启迪与指导意义。

在人类文明史上,唯有中华文明历经数千年持续发展没有中断。在复兴中华的伟大征程中,我们应当认真深挖中华古算的奇珍异宝,传承中华先贤的大智慧。

唐代诗人有诗云:"旧时王谢堂前燕,飞入寻常百姓家",感叹沧海桑田的时代变迁。时代变了,旧时的"阳春白雪"有可能为今天的普罗大众所理解,为什么不能尽早供中华学子欣赏呢?

有些人根本不了解或者一味抗拒中华古算,他们想象不到,中华数学保存有神奇美妙的数学原生态。

中华数学历史悠久,远早于古希腊数学。早在三千多年前的公元前 11 世纪,被数学史称为《商高答周公问》的重要文献中就证明了数学第一大定理——勾股定理,在人类文明史中留下了超前智慧的印记。

在公元 3 世纪,魏晋刘徽在《九章算术注》中,按照商高的这一数学思想,设计了重差术、割圆术等一系列神奇算法,创建了被陈省身先生称为"刘徽勾股"的中华几何学。这是一种相比欧氏几何毫不逊色然而迥然互异的另一种几何学。

数学教育倡导简单化

美国学者 S. Wolfram 被誉为科学奇才。上个世纪后期,Wolfram因成功研制数学软件"Mathematica"而声名显赫。他于 20 世纪末"闭门修炼"十余年,一直在思考"全新的"学术结构,于本世纪初的 2002年推出了鸿篇巨制《一种新科学》。

Wolfram 认为,传统数学注定要失败,因为它过于偏重证明。他建议用电脑程序来表达一般的规律,并试图在此基础上建立一种"新科学",从而启动一场科学革命。

"简单的重复生成复杂",这是 Wolfram"新科学"的基本信条。人们评价这一原则是与牛顿万有引力相媲美的"科学金字塔"。

其实,Wolfram 的这种说法不免过于简单,新科学基于新数学,新数学仰赖新思维。避开新思维和新数学的新科学不过是"空中楼阁"而已。

新科学、新数学和新思维三位一体,密不可分,三者必须共同设计。

数学的目的是追求简单。伽利略说,宇宙这本大书是用数学语言写成的。这个论断基于两方面的判断:宇宙的规律是简单的;描述宇宙规律的数学语言是简单的。

翻开《爱因斯坦文集(第一卷)》(商务印书馆,1976 年),爱因斯坦语重心长地教导后辈:

"要以最适当的方式画出一幅简化的、易于领悟的世界图像。"

"要寻找一个能把观察到的事实联结在一起的思想体系,这个体系将具有最大可能的简单性。"

总而言之,我们一定要铭记先辈大师们的教导,以各种优秀文化、先进思想滋润哺育学生,培养造就出一大批出类拔萃的国家栋梁与数学精英,为复兴中华的伟大事业贡献力量!

探幽 刘徽数学三奇峰

中华文明历史悠久,博大精深,源远流长。

在华夏先民战天斗地的过程中,锤炼出神奇的中华古算,刘徽数学是其中浓墨重彩的一笔!

在刘徽数学广阔的原野上,有几座神秘莫测的奇峰,虽历经千百年的风雨沧桑,至今仍散射出神秘的幽光,成为数学史上一桩桩千古疑案。本书探究这些奇峰谜案,试图为当今的数学教改领域开垦出一片柳暗花明的"世外桃源"。

奇峰之一是刘徽名著《海岛算经》,该书历经千年辗转流传,现今其注释和附图已散失殆尽,仅存九道几何题,俗称"海岛九问"。本书上卷说明,刘徽的这些数学成果组成的"中华几何",是与西方的欧氏几何迥然互异而特色鲜明的几何学。

奇峰之二是刘徽的千古绝技"割圆术"。在人类数学史上,极限论和无穷小分析被评价为高等数学与初等数学的分水岭。本书中卷说明,刘徽的割圆术中蕴涵着深刻的数学新思维,比微积分提前一千多年跨过了高等数学的门坎。

奇峰之三是刘徽的逼近加速"重差术",这一技术简单实用但内涵深邃,它不仅弥补了微积分的缺陷与不足,而且为未来数学的研发开创了新局面。

总之,刘徽数学简洁明快,博大精深,它的前瞻性思维是人们所难以理解和想象的,故而一些成果直到今天还没有为世人所普遍理解和接纳。

目　　录

中卷 从割圆术到微积分

下卷　从刘徽加速到演化数学

上卷 从勾股定理到刘徽勾股

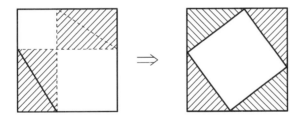

引言一 演绎数学话沧桑

卓尔不凡的古希腊数学

西方数学史对古希腊数学竭尽赞美之能事。美国数学家克莱因(M. Kline)的《古今数学思想》被誉为"古今最好的一本数学史",在这本数学史的开篇克莱因指出:"希腊人在文明史上首屈一指,在数学史上至高无上。……希腊人创造了他们自己的文明和文化,这是一切文明中最宏伟的,是对现代西方文化的发展影响最大的,是对今日数学的奠基有决定作用的。"(文献[5],27页)

古希腊人深信,宇宙是和谐的,自然界是按照数学方法设计和安排的,数学是打开宇宙迷宫的金钥匙。

大约在公元前6世纪,古希腊的毕达哥拉斯学派,这个带有宗教色彩的学术团体扯起了"**万物皆数**"的大旗,宣扬数是一切自然现象的根源和真谛。

毕达哥拉斯学派把对鬼神的膜拜替换成对数的崇拜,尽管从哲学上讲这种理念仍是唯心主义的,但毕达哥拉斯学派创立了理性的"**纯数学**",发现了诸如刻画数字内在结构的图形数、表征测量方法的勾股数,以及揭示美学内涵的黄金数等数学珍宝,这些都是了不起的数学成就。(文献[6])

毕达哥拉斯学派,这个神秘的学术团体对外秘而不宣,他们的研究成果往往只冠以"教主"毕达哥拉斯一个人的名字。

需要强调指出的是,毕达哥拉斯研究的数,已经不是具体的多少匹马,或是多少头牛;他们所研究的几何图形,也不是具体的几片麦地,几块苗圃……**毕达哥拉斯把现实事物和实际图形,通过思维的抽象升华为数学中的数和形,这是人类思维重大的飞跃。**

由于数和形被抽象成数学概念,人们可以致力于研究这些概念的内在规律,从而更广泛地探讨客观世界的数量关系和空间形式。**毕达哥拉斯赋予数学真理以最抽象的形式和内涵,这是古希腊文明对人类数学发展最伟大的贡献之一。**(文献[5],34 页)

数学第一大定理——勾股定理

总观人类文明,不同地区的不同民族,在不同时代所走的路子往往差别悬殊,但对某些数学瑰宝,恰似众星捧月,从数学文明开创之初就受到广泛的尊崇和爱戴。勾股定理就是这样一个突出的案例。

众所周知,勾股形(直角三角形)有一个普适性的特征:以勾与股为边的正方形面积之和等于弦为边的正方形面积,即勾方加股方等于弦方(见图 1),这就是著名的勾股定理。

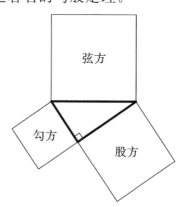

图 1 勾股定理的几何图形

勾股定理外形简洁清朗,内涵深邃且应用广泛,被誉为数学第一大定理,在数学学科中的地位无与伦比。

有些学者将勾股定理的几何图形(见图1)称为"地球人的宇宙身份证",当我们在太空寻找"地外生物"时,可以使用这个身份证自我介绍地球人的文明和智慧已经达到何等高度!(参看文献[8]的"前言")

一、数学史上一次罕见的"数学狂欢节"

古希腊人享誉世界的一项数学成就是,他们在 2500 年前也发现了勾股定理,**西方人至今仍习惯地称这个定理为毕达哥拉斯定理。**

古希腊人究竟是怎样发现这个定理的,数学史上至今没有找到确切的线索。

毕达哥拉斯发现勾股定理后,古希腊人欣喜若狂,据历史记载,他们宰杀了一百头牛举行"百牛大宴",感谢神灵赏赐这个数学瑰宝。这是数学史上一次罕见的"数学狂欢节"。

二、数学史上第一次数学危机

天有不测风云,古希腊人很快发现,勾与股分别取值 1 的弦长 $\sqrt{2}$ 竟不能表达为整数比,神圣的勾股定理内竟然萌发出整数比不能包容的怪异的无理数。

无理数的出现像个"魔咒",因为它是不循环的无穷小数,而古希腊人畏惧"无穷"。

毕达哥拉斯心目中的"数"是整数和整数比的有理数,怪异的无理数使毕达哥拉斯学派"万物皆数"的理念遭受了重创。据传,最先发现 $\sqrt{2}$ **并非整数比的毕达哥拉斯学派的门徒希伯索斯被人们抛进了大海** ⋯⋯

欧氏几何的公理化体系

古希腊人对这次数学危机感到困惑,他们感到在数系内的真理性受到了威胁,于是便从数的研究转移到聚焦"形"的几何学。

该怎样获取并判断数学的真理性呢?

古希腊人追求真理,他们觉得只有用无可非议的演绎推理方法才能获得真理,因而他们坚持演绎证明。演绎数学的提出是"古希腊人对数学最重大的贡献"。(文献[5],39页)

在公元前 3 世纪,古希腊数学家欧几里得推出了鸿篇巨制《几何原本》,该书基于明晰的数学定义,用几个简单的、不证自明的所谓公理,运用演绎推理方法,由简到繁、有条不紊地证明了 465 个几何定理,几乎囊括了当时古希腊的全部几何知识,从而建立了几何学的公理化体系。

《几何原本》的公理化体系被推崇为演绎数学的楷模和范本,两千多年来对数学乃至科学技术的发展产生了不可估量的重大影响,众多科学大师都是通过钻研欧氏几何迈进科学殿堂的。牛顿体系的微积分是公理化方法的延伸和发展。

勾股定理的毕达哥拉斯证法

作为数学第一大定理,勾股定理的意义和作用不可估量,它以各种各样的形态渗透到古典数学和现代数学的发展进程中,当然,它也是《几何原本》的核心议题。

洋洋十余册的《几何原本》,开篇的第 1 册就是围绕勾股定理展开的,该册的主题就是导出勾股定理的所谓"毕达哥拉斯证法"。(文献[8])

为了对图 2 运用演绎法严格论证勾股定理,欧几里得动用《几何原本》第 1 册的大部分篇幅作了铺垫,运用平行公理构造几何图形的辅助线,并引进角的概念建立三角形的全等法则,逐步推演直至第 1 册结尾才最终完成勾股定理的证明,可谓翻箱倒箧,费尽心机。

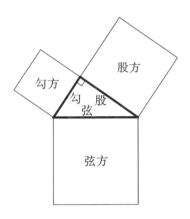

图 2　勾股定理的欧几里得画法

证明的第 1 步也是最关键的一步,过勾股形的顶点引弦的垂线分弦方为左右两部分,如图 3 所示。

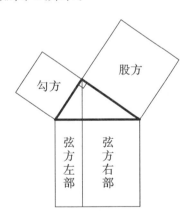

图 3　从勾股形顶点到弦的垂线分弦方成两部分

这样,如果能证明弦方左部(矩形)等于勾方,右部等于股方,结果就证明了勾股定理:

$$勾方＋股方＝弦方$$

第 2 步,为了将弦方左部与勾方联系起来,《几何原本》如图 4 所示连接勾方与勾股形生成三角形Ⅰ,又连接弦方左部与勾股形生成三角形Ⅱ,运用"边角边"判别法则易知三角形Ⅰ与Ⅱ全等。

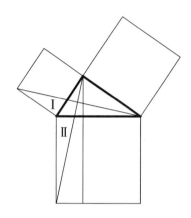

图 4　联系勾方与弦方左部生成两个三角形Ⅰ与Ⅱ

第 3 步,考察三角形Ⅰ和Ⅱ与勾方及弦方左部的数量关系,为此再如图 5 所示引进两条虚线段,它们分别将勾方与弦方左部切成两半。

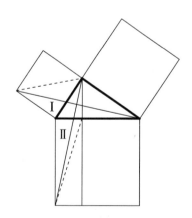

图 5　基于平行公理构作两条辅助线

注意到图 5 中几条线段的平行关系,《几何原本》又事先提供了预备知识,证明三角形Ⅰ等于勾方之半,三角形Ⅱ等于弦方左部之半。这样,依据三角形Ⅰ与Ⅱ的全等关系即可断定勾方等于弦方左部。此外,基于同样理由可知股方等于弦方右部,因而勾方加股方等于弦方,这就最终证明了勾股定理。

以上证明过程通常称作勾股定理的毕达哥拉斯证法。这种说法不可信,估计毕达哥拉斯不可能被束缚在后辈欧几里得所营造的逻辑体系中。

作为《几何原本》开篇第 1 册,上述毕达哥拉斯证明步骤烦琐,初学几何的读者望而却步,这预示着对欧氏几何的学习和推广将会造成困难。

克莱因说"千年数学走了个大圆圈"

欧氏几何的公理化方法,两千多年来对西方数学的发展产生了不可估量的影响,直到 17 世纪牛顿体系的微积分,更把这种演绎推理的公理化方法,推进到登峰造极的地步。

克莱因的名著《古今数学思想》内容丰富,它全面而翔实地论述了近代数学众多分支的历史发展,然而令人预想不到的是,克莱因总结西方数学两千多年的发展历程,在这部四大卷数学史的末尾,竟然发出了"千年数学走了个大圆圈"的感叹。他在后继的一部著作《数学:确定性的丧失》(文献[7])中又一次重复了这样的论点:

"数学走了个大圆圈,这个学科从直觉和经验的基础上开始发展,后来,证明成了希腊人的目标,直到 19 世纪,才又幸运地回到了出发点。……但是,追求极端严密化的努力却突然把数学引入了死胡同,就像一只狗追逐自己的尾巴一样,逻辑打败了它自己。"(文献[7],328页)

克莱因的言辞有点刻薄:

"数学家被鬼才欧几里得误导了。"(文献[7],322 页)

"什么叫严格,本来就没有严格的定义。"(文献[7],324 页)

克莱因所言"极端严密化的努力"有明确的指向。

在 20 世纪的前 30 年内,作为当时数学界领袖人物的希尔伯特(D. Hilbert)倾其全力投入了创建"数学基础"的伟大工程中,他试图铸造出一个严格的、完美的、天衣无缝的公理化体系。在 1928 年的国际数学家大会上,希尔伯特踌躇满志地声称:**"利用这种数学基础——人们完全可以称之为证明理论,我们可以解决世界上所有的基础性问题。"**

希尔伯特尤其相信他能够解决数学基础的相容性和完备性两大难题。一旦实现这个目标,所有有意义的论述都将会被证实或者推翻,那样就再也不存在悬而未决的问题了。

多么美妙而令人神往的"新境界"。

然而晴天一声霹雳,在 1931 年,数理逻辑学家哥德尔提出了被称为"哥德尔不完全性定理"的重要命题,断言有些命题既不能被证明,也不能被推翻,它们是不可判定的。

这个命题在数学界引起了强烈的震动。希尔伯特的得意门生魏尔(Well)万般无奈地说:

"上帝是存在的,因为数学无疑是相容的;魔鬼也是存在的,因为这种相容性又是不可能被证明的。"

这场数学危机在数学界掀起了轩然大波。

克莱因向数学界提出了严正警告:

"现在,高耸入云的数学大厦面临着即将崩溃和沉入沼泽中的危险!"(文献[7],317 页)

引言二　演算数学放异彩

五六千年前的红山祭坛

辽宁省西部发现的红山文化遗存,碳 14 测定距今已有五六千年,其中一处祭坛特别引人注目。

祭坛的坛体呈圆形,用白石子砌成的三重圆的桩界,形成三层台基。每层台基由外向内,以 0.3～0.5 的高差层层高起。祭坛的内层顶面铺石,地势平缓,从而形成一个完整的圆形坛体。

由于五六千年的自然风化,祭坛的上层建筑已难以辨识,但精选的白石子整齐砌成的台阶边缘依然光亮耀眼,十分醒目。它们组成一套三层同心圆。(参看郭大顺著《红山文化》,文物出版社,2006)

据实际丈量,三重同心圆的直径分别为 22 米、15.6 米和 11 米。令人诧异不已的是,这套同心圆相邻两个直径的比率均为 $\sqrt{2}$,即

$$22:15.6\approx15.6:11\approx\sqrt{2}$$

这是怎么一回事?

谁都知道,$\sqrt{2}$ 是个无理数,在两千多年前,由于这个数的发现,搅得古希腊人晕头转向,进而触发了第一次数学危机。

然而在五六千年前的远古时期,中华先民竟然将 $\sqrt{2}$ 用于祭坛的设计,试图与"神明"沟通,这是何等奇妙啊!

三层同心圆的祭坛,相邻两个圆的直径的比率均为 $\sqrt{2}$,这种奇妙的图案是怎样精准地设计出来的呢?难道我们的远古先民早已掌握

有精深的数学知识了吗？

圆与方的交响曲

随意作个正方形，与之伴随的有内切与外接两个同心圆。注意到内切圆的直径等于正方形的边长，而外接圆的直径则等于正方形的对角线长，据此立即得知，两个同心圆的直径的比率为$\sqrt{2}$。

运用这个简单手续，容易作出一套三层的同心圆，估计远古红山先民就是这样设计出红山祭坛的建筑形式，如图 6 所示，图中小正方形的外接圆等同于大正方形的内切圆。

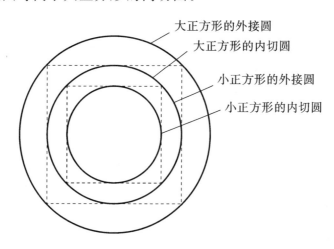

大正方形的外接圆
大正方形的内切圆
小正方形的外接圆
小正方形的内切圆

图 6　红山祭坛建筑形式

红山祭坛的三层圆台，自然会使人联想起北京天坛著名的三层"圜丘"以及"圜丘"上高耸的三层殿堂，这些大美的建筑给人们以视觉上的冲击与心灵上的震撼。尤其令人印象深刻的是，五六千年不变的建筑风格昭示着中华文明坚如磐石。

五六千年不变的祭坛风格显示我们中华民族"以三为美""以三为尊"的文化基因。治学博精通，做人真善美，养生精气神。在中华文化格言中，"三"字无处不在。老子的"三生万物"，更是说尽了"三"的无限包容性。

神奇、神秘而又神圣的"三"！

五六千年以前的红山祭坛，以铁的事实雄辩地证明，我们的先祖如此有才华，我们的中华文明如此早熟，我们的中华数学如此神奇！

世代传承两千余年的刘徽勾股

智慧，是一个民族文明的精髓。没有先人千年积淀下来的大智慧，很难想象后人会有多么了不起的智慧。

相比其他民族，希腊人爱好图形，他们具有非凡的形象思维能力。在进行数学研究过程中，他们擅长于从形的角度出发考虑问题。甚至有些看上去似乎是纯粹的数字计算题，他们竟会用图形的形式切换成几何题去处理，刻画数字内在结构的图形数（参看文献[6]）就是这样一个典型的案例。

纵观数学史，中国人研究数学走的是一条独特道路，完全不同于西方。**西方人片面地强调逻辑推理，试图创建"天衣无缝"的公理化体系；中国人则尊重事实，"寓理于算"，将数学理论熔铸在实际计算之中。中华古算可称之为"演算数学"。**每当碰到"新"的数学概念，诸如正负数、无理数、无穷小量等，在西方总会掀起轩然大波，甚至会因为旧的逻辑体系遭到破坏而导致所谓的"数学危机"。中国则不然，**中国人直面现实，承认一切实实在在的东西**，每当碰得新的"数"和"量"，就在计算过程中逐渐地了解它们，熟悉它们，直至最终制服它们，驾驭它们。

已故苏步青先生百岁华诞之际，当时身居海外的陈省身先生发来贺电，贺电的头八个字"欧氏公理　刘徽勾股"将中西方两种几何学并列，这种提法耐人寻味。

刘徽勾股正本清源

中华先民在 4000 年前大禹治水时期就熟练地使用了勾股术,中华文明可能是最早发现勾股定理的人类文明,3000 多年前的奇文《商高答周公问》是这一事实的一个佐证。

这篇远古奇文将勾股定理的内涵、意义和作用发挥到极致,其中所锤炼出千古绝技勾股术是中华古算中的一枚"定海神针"。勾股术从公元前 11 世纪的商高文延伸到公元 3 世纪的刘徽数学,直逼 17 世纪西方的微积分,它是中华文明超前思维的一个光辉典范。

第1章 远古商高举勾股

1.1 千古奇文《商高答周公问》

在华夏历史上,武王伐纣是个划时代的重大事件。在三千多年前,武王灭了商朝,建立了周王朝。武王病逝后,他的弟弟周公辅佐年幼的成王管理朝政。

周公贤明豁达,德高望重,他创建周朝的礼乐制度对后世影响深远。

周公勤政好学。他曾就数学知识请教当时的大学者商高。商高是世界数学史上有真实历史记载的第一位大数学家,《商高答周公问》简称"商高文",记载了他与周公的一次谈话。这篇文章载于中华古籍《周髀算经》中,据考证商高文完成于西周时期,距今已有三千多年。

商高文远远早于古希腊数学。

商高文辞简意赅,理精用博,是远古时期中华数学理论与实践的高度概括。这篇文献在中华数学史乃至世界数学史上占有重要地位。这是一篇千古奇文。

商高文（节选）

¹ 昔者周公问于商高曰："窃闻乎大夫善数也,请问古者包牺立周天历度。夫天不可阶而升,地不可得尺寸而度,请问数安从出?"

² 商高曰："数之法出于圆方,圆出于方,方出于矩,矩出于九九八十一。

³ 故折矩,以为勾广三,股修四,径隅五。"

⁴ 既方之,外半其一矩,环而共盘,得成三四五。两矩共长,二十有五。

⁵ 是谓积矩。

⁶ 故禹之所以治天下者,此数之所生也。"

⁷ 周公曰："大哉言数,请问用矩之道。"

⁸ 商高曰："平矩以正绳,偃矩以望高,覆矩以测深,卧矩以知远,环矩以为圆,合矩以为方。

⁹ 方属地,圆属天,天圆地方。"

商高文是篇千古奇文,该文字字珠玑,发人深省,令人百读不厌。商高文上述一番话,犹如一组画屏,放射着前瞻性思维的奇光异彩,对中华数学的成长壮大影响深远。

上述商高文(节选)共 9 句,大致可分 3 段,每段含 3 句。

第1段1~3句提出**矩的创造**。矩是中华先民创造的一种测量工具,它是一个画直角的尺子,亦称曲尺。曲尺相互垂直的两边分别称勾与股,内含直角的三角形称勾股形,曲尺与勾股形的用法称勾股术。

第2段4~6句阐述**勾股定理**。勾股定理刻画勾股形内在的数理关系,它寓意深邃,应用广泛。**商高文可能是人类文明史上最早发现勾股定理的一篇论著。**

第3段7~9句强调**用矩之道**。矩在工程实践中有广泛应用。**据历史记载,矩在大禹治水中曾发挥过重大作用。**后世陈子用矩观天测地,锤炼出重差术,魏晋刘徽进一步应用重差术测高望远,创立了中华几何学《海岛算经》。

1.2　矩尺内含"三四五模板"

一、中华文明—图腾

商高文一开头就将中华古算置于中华文明的大背景下,将创建"周天历度"的伏羲视为中华文明的开山祖师,从而将中华古算提升到至高无上的学术高度。

伏羲是中华文明的人文始祖。《易经·系辞》说:伏羲上观天文,下察地理,观察鸟兽的斑纹,取法人体的形象,制作了阴阳八卦,在远古七八千年前奠定了中华文明的根基。

山东嘉祥武梁祠有一块两千年前的东汉画像石(见图7),上面刻有"伏羲女娲规矩图",图中伏羲手执"矩",而女娲则手持"规"。这张规矩图鲜明地显示,**中华先民曾将测量工具的规(圆规)和矩(曲尺),抽象成中华文明的徽记和中华数学的图腾。**这一事实也形象地表达了中华古算在人们心目中的崇高地位。

图7 汉武梁祠石室造像(出自《中国古代数学简史》)

商高文第1句开门见山地点明主题,"数安从出",周公问商高数是从哪里来的?

周公问:"久闻先生精通数学,请问先圣伏羲是怎样观天测地制定历法的。上天高不可攀,没有阶梯如何观察?大地宽广无边,那有合适的尺子度量?那么先圣伏羲'周天历度'的数是从哪里来的呢?"

二、化形为数的设计方案

商高文第2句制定从形到数的总体设计方案:

"数之法出于圆方,圆出于方,方出于矩,矩出于九九八十一。"

前文红山祭坛的建筑风格表明,方圆演化是中华数学的前奏。

红山祭坛建筑风格(见图6)显示,圆被夹在外切正方形和内接正方形两个正方形之间,且外切(或内接)正方形对角线交点就是圆心,外切正方形边长或内接正方形的对角线就是圆的直径。圆的两个要素圆心和直径可以用正方形来刻画,因此商高说"圆出于方"。

再看正方形,它的一个特征相邻两边呈直角,难以刻画,而曲尺的矩恰好能生成直角,所以商高又说"方出于矩"。

商高文第 2 句最后说"矩出于九九八十一"又是什么含义呢？

"九九八十一"仅仅是一句乘法口诀，但这里泛指算术运算。古人惯用特例表达一般，这种做法在领悟商高文时是需要特别留心的。

商高文一边说"方出于矩"，另一边又说"矩出于九九八十一"，这说明"矩"是个沟通形与数的特殊的数学元素，需要认真领悟。

三、一座连接形和数的"天生桥"

商高文第 3 句"故折矩，以为勾广三，股修四，径隅五。"

关于这番话的含义，有人认为这是商高对于勾股定理的描述，甚至因此而感到遗憾，为什么中华先贤仅仅给出的勾股定理的一个特例，即勾三、股四、弦五的特殊情形呢？

这种论调很荒谬，难道一目了然的算式

$$3^2 + 4^2 = 5^2$$

还需要大学者商高来论证吗？

这种说法根本经不起推敲，商高文明确指出，中华文明史诗般的"大禹治水"靠的就是勾股术。难道大禹仅凭一副三条边分别为 3、4、5 的三角板，就能成就劈山开渠的一系列伟大工程吗？

再细心观察前述图 7 的东汉武梁祠石室造像，伏羲手执的一把矩尺内含一个小三角形，矩的这种造型寓意着怎样的内涵呢？

商高文第 3 句中"故折矩"的"折"字意味深长。

事实是，**智慧的中华先民在长期的实践过程中摸索出了一个"绝招"，可以将直角的判定归结为线段的度量**，其具体的操作很简单：如图 8 所示，任取一根标有度量的直尺 AD，将它划分为 $3:4:5$ 三段，记分点为 B 和 C，然后固定中段 BC，转折左段 AB 和右段 CD 使之端点 A 与 D 重合于一点 O，生成三角形 OBC。

可以证明，三角形 OBC 的两边 BO 与 BC 相互垂直，即角 OBC 为直角,因此它是一个勾三、股四、弦五的勾股形。**通过这种将直尺转折为曲尺的特殊方法生成的勾股形称作"三四五模板"。**

以上方法说明,三四五模板是一个极其特殊的数学对象。由图 8 容易看出,延伸三四五模板的勾股两边就可以生成任意矩尺的勾股形。

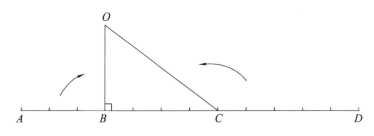

图8　折合直尺 *AD* 左右两段生成三角形 *OBC*

据此可以理解,前文图 7 中伏羲手执的矩中深藏一个小三角形正是这种三四五模板,这是古人"画龙点睛"的做法。正是这颗形数交融的火种,使中华古算中孕育成长出一种新的数学体系"刘徽勾股"。

商高的三四五模板是中华先贤一项天才的创造,它是连接数和形两大领域的一座"天生桥",是勾股定理的雏形。

联系 3、4、5 三个数字组成的算式:

$$3^2 + 4^2 = 5^2$$

可以发现,**三四五模板内隐含着一个美妙的数理关系**,即分别以这三条边为边长的正方形面积即勾方 3^2、股方 4^2 和弦方 5^2 之间有着紧密的联系,亦即

勾方＋股方＝弦方

人们自然关心,这种简单的数理关系对一般的勾股形普遍成立吗?

四、三四五模板的特殊化方法

数学研究常常运用以简御繁策略,从简单的做起,先弄清楚某种特殊的典型情形,然后将特殊推广到一般。

特殊的事物往往显得简单、具体而直观,因而容易为人们所理解。所谓特殊化方法,就是从特殊的、简单的情形出发,研究寄寓在特殊中的一般的、普遍的性质和特征,从而获得新知识,进而解决新问题。

前已指出,商高文提出三四五模板,用线段比 3∶4∶5 折出几何线段的垂直关系,从而为勾股形的构造提供了一种简便而快捷的生成机制,进而启迪了勾股定理的数理关系。

五、一个耀眼的亮点

商高文估计是中华数学史上(甚至人类历史上)最早的一篇数学论文。悠悠三千多年时光,古今语言的表达方式存在差异是必然的。阅读商高文,我们后辈应采取尊重历史的严肃态度,认真领悟远古先贤的大智慧,而不应用今天的做法去苛求古人。

譬如,今日数学特别强调严格性,数学对象的普适性和特殊性是需要严格区分的。

然而中华古算惯用特例代表一般,譬如商高文中"矩出于九九八十一",用一句乘法口诀代表算术运算就是一个典型的例子。

作为数学第一大定理的勾股定理,在数学体系中的地位和作用无与伦比且深不可测,然而它的一个特例三四五模板

$$3^2+4^2=5^2$$

竟然一目了然,形式极其简单。商高文将一般的勾股定理与特殊的三四五模板紧密地联系在一起,两者相机行事,相得益彰,生动地刻画了勾股定理简单实用的本质特征,这是商高文一个耀眼的亮点。

1.3 求证勾股定理的"无字天书"

前已说过,欧几里得的《几何原本》几乎用第1册全部篇幅才证明了勾股定理。与此比较,商高文是怎样讨论勾股定理的呢?

一、从三四五模板萌发出勾股定理

钻研三千多年前的商高文,人们共同关心的一个核心问题是,商高文究竟有没有证得勾股定理。**遗憾的是,一些中外学者总是低估了中华上古先贤的大智慧,因而不能客观而透彻地理解古文的真实含义,导致中华古算一批璀璨明珠长期被掩埋在历史的尘埃之中。**

商高文是否证得勾股定理,关键在于吃透其中第4句:"**既方之,外半其一矩,环而共盘,得成三四五。两矩共长,二十有五。**"

商高文中这番话启示怎样的操作呢?

商高文第4句开头说"既方之",即着眼于"方"。方即正方形,它的四边相等,四个内角全为直角,形态似乎很简单。商高文第2句说"方出于矩",如何用矩尺(勾股形)构造正方形呢?

商高文第4句接着说"外半其一矩",强调从一个矩即勾股形着手,为明确起见,姑且称立足点的"矩"为**原生矩**。原生矩前"**外**"和"**半**"两个字似有特殊含义,容后体会。

商高文第4句的"**环而共盘,得成三四五**"是一项关键的操作。

依此说法,**将原生矩(勾股形)环绕其中生成一个盘状的小正方形**,如图9(a)所示。依此操作构造出的特例三四五模板如图9(b)所示。

如图9所示,用原生矩环绕可生成方盘形的内外两个"方",外方

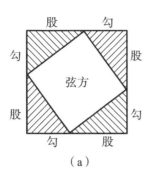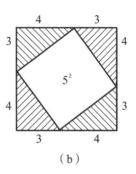

（a）　　　　　　　　　　（b）

图 9　矩的环绕拼成空心方盘

的边长为勾与股之和，称为“**大方**”。内方边长等于弦，称“**弦方**”。由图 9(a)知有算式：

大方＝弦方＋4 个矩

再换一个视角考察大方（见图 9(a)）。原生矩在弦方的外侧，因此商高文第 4 句突出一个“外”字。此外，如图 10(b)所示，若将原生矩视作一长方形（见图 10(a)）之“半”，则大方内含两个长方形及勾方和股方，从而又有算式：

大方＝勾方＋股方＋4 个矩

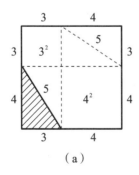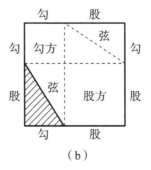

（a）　　　　　　　　　　（b）

图 10　大方内含勾方和股方

这样，综合上述大方的两个算式立即得知勾方加股方等于弦方，这就证明了勾股定理。

附带说明，商高文第 4 句“两矩共长”的“长”字应是增长之意，如

图 10(a)所示,"两矩共长"指勾方与股方之和,而"二十有五"则类比三四五模板的弦方(见图 9(b)),因此"两矩共长,二十有五"是说勾股定理成立。

总而言之,商高文依据大方内部的两种结构立即证得了勾股定理,如图 11 所示,这是证明勾股定理的"无字天书"。

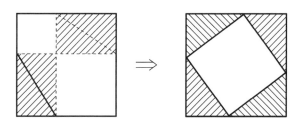

图 11 证明勾股定理的"无字天书"

二、寓理于算的原理化方法

商高文第 5 句"是谓积矩"说明商高将导出勾股定理的这种方法称作"积矩法"。积矩法的证明方法很简单,基于几何图形的面积关系,将若干几何元件拼拼凑凑推导出所要的结论。这种方法基于"以盈补虚""出入相补"的原理,后世改称为"出入相补方法"。这是中华古算中广泛使用的一种推理方法。

西方的形式逻辑是人们所熟悉的。欧氏几何的**公理化体系**基于逻辑演绎,所建立的数学体系称为**演绎数学**。

与此形成鲜明对照的是,商高文开创了一种与此截然不同的数学体系,这种体系是基于在长期实践过程中归纳出来的、颠扑不破的极少数原理,如出入相补原理之类,运用直觉感悟的"形态演化"方法,生成一系列具有实用价值简称为"术"的算法设计技术。这种数学可称作演算数学,它所使用的方法可称作"原理化方法"。

三、大禹伟业耀中华

商高文第 6 句"**故禹之所以治天下者,此数之所生也。**"

悠悠四千多年前,神州大地爆发了大洪水,庄稼被淹,房屋尽毁,老百姓流离失所,苦不堪言。

在这个生死存亡的紧要关头,部族首领大禹义无反顾,率领群众劈山开渠,疏通河道,历经多年艰辛,终于把洪水引入了大海。

商高文第 6 句"禹之所以治天下"指的就是大禹治水的丰功伟绩。司马迁的《史记》也记载有这一历史事件。

大禹治水的伟大实践也强有力地推进了中华文明的迅猛发展,**测量利器"曲尺"就是这个时期在实践过程中铸造出的数学瑰宝,商高文也正是记录这个时期萌发出勾股定理的千古奇文。**

总而言之,与世界上其他文明(包括古希腊文明)迥然不同,中华古算的勾股定理历史悠久,而且内涵深邃,它不仅仅是个数学命题,还包罗了一系列精巧的文明元素,如作为原型的三四五模板,以及实用工具的曲尺,等等。特别需要指出的是,中华古算中这些数学元素曾为大禹治水的伟大工程作出过突出的贡献。

1.4 相似勾股的单矩测量系统

一、何谓"用矩之道"

商高文 3~6 句阐述了勾股定理,勾股定理是矩内在的本质属性。第 7 句周公特别追究"用矩之道",问矩在实用中依据什么道理。

曲尺的矩是一种测量工具,具体测量时要具体分析所针对的测量

对象。用矩之道就是剖析矩与测量对象之间的关系,即揭示两者之间的共性。将会看到,这种共性是某种相似性。矩与测量对象的相似关系简称相似勾股。自然,相似勾股与勾股定理不完全是一回事。

二、单矩测量系统

现以商高文第 8 句"偃矩以望高"为例探究这个问题。

在测量过程中,测量对象如树高与测量对象矩尺之间可以建立如图 12 所示的相似关系。

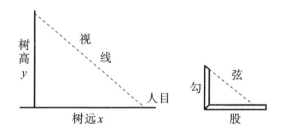

图 12　测量对象(如树高)与测量工具矩尺建立相似关系

假设要测量一株大树的高度,可以采取这样的操作:在大树前设置一矩尺(或立一标杆),令目测点通过矩(杆)端仰视树顶。这里要求矩尺与大树在同一平面内,且树顶、矩端与目测点在同一条直线上,这种设计称**单矩测量系统**,如图 13 所示。

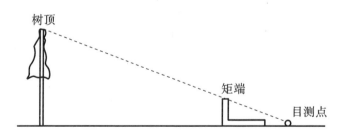

图 13　单矩测量系统示意图

由单矩测量系统所归结出的数学模型如图 14 所示,图中标杆高 h,标杆距目测点 a,距树根 x,均为已知数据,求树高 y。

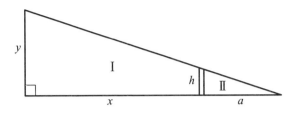

图 14　单矩测量系统的数学模型

求解这个数学问题似乎并不困难,由于图 14 中两个勾股形是相似的,根据三角形相似定理知其对应边成比例,故可列出算式

$$\frac{y}{h} = \frac{x+a}{a}$$

从而知树高

$$y = \frac{x+a}{a} \cdot h \tag{1}$$

这里存在一个原则性问题,上述证明套用了欧氏几何的"三角形相似原理"。众所周知,相似三角形的概念建立在所谓"平行公设"的基础上,然而远早于古希腊文明的中华文明怎么会囿于欧氏公理化体系这个学术框架呢?

所谓几何图形的"相似性",其实就是放大缩小的伸缩关系,勾股测量中勾股形的相似性是一目了然的,完全不需要诸如"平行公设"的支撑。因此,相似勾股的数理关系需要重新论证,这就需要追究"用矩之道"了。

前已看到,商高文勾股定理的证明基于图形面积的分析,相似勾股的探究也将采取这种技术路线。

回头考察单矩测量系统中的图 14,它在目测点与大树组成的大勾股形Ⅰ内,其中包含一个目测点与标杆组成的小勾股形Ⅱ。显然两个勾股形是相似的,两者是伸缩关系。

注意到图 14 中的大勾股形 Ⅰ 等于小勾股形 Ⅱ 及其左侧梯形两部分之和,因而有面积关系

$$\frac{1}{2}(x+a)y=\frac{1}{2}ah+\frac{1}{2}(y+h)x$$

消去两端公因子 $\frac{1}{2}$ 及公共项 xy 得

$$ay=ah+xh$$

这就导出了算式(1)。如前所述,据算式(1)有 $y:h=(x+a):a$,即**相似勾股对应的勾与股成比例,这就是用矩之道。**

三、赞"矩"的真善美

四千多年前的大禹治水时期,华夏先民发明了曲尺的矩,并提出了勾股形。

欧氏几何基于圆规直尺建立了一套逻辑演绎的公理化体系。这个体系的基础是三角形,其基本理论是三角形全等法则和三角形相似法则。欧氏几何的相似性原理植根于它的平行公设,并涉及角的概念。欧氏几何的直尺不设量度。

东西方两大文明有显著差异,**中国人用曲尺的矩取代西方人的直尺。矩尺相互垂直的横竖两边勾与股都有量度。**

与欧氏几何迥然不同,中华数学立足于特殊三角形的勾股形,它的理论基础是勾股形的数理关系勾股定理及相似勾股形的比例关系。中华数学完全不涉及平行公设,并且撇开了角的纠缠,因此简单实用且内涵深邃。

作为"刘徽勾股"的原点,矩为什么如此神奇呢?

再仔细看看前文图 7 的汉武梁祠石室造像吧,伏羲手执的矩内含三四五模板。

三四五模板是由数量关系生成的几何图形,前已指出将一根带有量度的直尺划分成 3∶4∶5 三段,然后转折左右两段令其端点重合,便生成了三四五模板,延伸三四五模板垂直的两边勾与股便生成曲尺矩。可见,曲尺的矩尽管形式简单但内涵深邃。

先看三四五模板的数理关系,算式

$$3^2 + 4^2 = 5^2$$

可改写成

$$\left(\frac{3}{5}\right)^2 + \left(\frac{4}{5}\right)^2 = 1$$

这个算式是由五个连续的自然数 1,2,3,4,5 生成的,形态奇特。

再看勾 a、股 b、弦 c 的一般勾股形,勾股定理

$$a^2 + b^2 = c^2$$

的比率形式

$$\left(\frac{a}{c}\right)^2 + \left(\frac{b}{c}\right)^2 = 1$$

表明勾股形内含有极其简单的不变量数字"1",可见它是一类具有和谐美的几何图形。

正因为勾股形的矩具有深刻内涵的勾股定理,又兼有简单实用的相似勾股,所以它具有广泛的实用价值和深刻的理论意义。

商高文指出,中国人 4000 多年前大禹治水的伟大工程靠的就是矩尺一类测绘工具。大禹治水是中华文明史上惊天动地的一桩伟大事业。

正因为矩尺在中华文明史上建立过如此不朽功勋,并且在工程实践中发挥了巨大作用,所以中国古人把矩(曲尺)和规(圆规)作为中华文明的一种图腾,正如汉武梁祠石刻造像(见图 7)所显示的那样,而守"规矩"更是中国人普遍信守的优秀品质。

在中华数学史上,经过历代先贤商高、陈子和刘徽的千年传承,在神州大地这片肥沃的哲学田野上,勾股术被培育成中华古算"刘徽勾股",千年傲立于世界数学之林。

四、前后呼应的商高文

商高文末尾第 9 句是"方属地,圆属天,天圆地方。""天圆地方"是华夏先民朴素的宇宙观,观天测地以制定历法是农耕民族最为关切的应用领域。如前所述,商高文开头第 1 句周公就提出了如何观天测地这个核心议题,末尾再次强调这个议题以引起世人的高度重视。

后文接着说明,后世先贤陈子是如何深化用矩之道试图求解观天测地这个难题的。

第 2 章　中古陈子品"重差"

《周髀算经》是我国现存最早的一部"天算"经典,一部阐述古代"盖天说"理论与实践的学术著作。盖天说形象地认为"天象盖笠,地法覆盆",就是说,"天"像一个戴在头上的伞形斗笠,"地"似底朝上翻过来的盆子。今天看来,这种说法是幼稚可笑的。

《周髀算经》采取一问一答的形式奠定盖天说的数学基础。数学基础的前一部分记述周公与商高的谈话,阐述勾股定理与用矩之道,这方面的内容上一章已作过介绍。数学基础的后一部分记述陈子与荣方的谈话,传授陈子的治学理念,并改进商高的勾股术提出所谓重差术,试图破解观天测地这类重大课题。

本章探究重差术的内涵与精髓,旨在捋清"刘徽勾股"这一学术体系的传承脉络。

2.1　陈子倡导"智类之明"

周髀算经的数学基础还记录了陈子与荣方的谈话。陈子大约是两千多年前的天算先贤。

荣方问陈子:太阳有多高,太阳的直径有多大,这些天文知识都能算出来吗? 这些算法一般人能够学会吗?

陈子回答,这些算法并不深奥,人们凭所掌握的知识就能进行这类计算,只是在计算过程中需要认真思考。

陈子解释说,考虑问题一定要深思熟虑。**治学既要多学一些知识,但更要领悟知识的精髓,做到融会贯通。**

陈子教导后辈要有"智类之明",弄懂一类事理后,要触类旁通,推知其他事理,做到"问一类而以万事达"。

陈子倡导的这种"问一知万"、一通百通的治学理念是个大智慧,是清理知识体系繁杂纷乱的一把金钥匙。

2.2 双矩测量系统的陈子模型

首先考察商高的勾股术,即测高望远的单杆测量系统(见图 15)。杆即标杆,是矩尺的简化。目测点过杆端至日在一条视线上。目测点到标杆的距离称为"日影"。

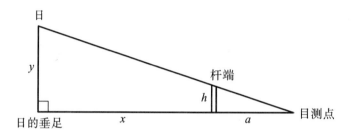

图 15 观天测地的单杆测量系统

上图的 y 表示**日高**,即太阳关于地面的高度,x 表示**日远**,即日的垂足到标杆的距离,标杆高 h,a 为目测点到标杆距离,称**日影**。依据用矩之道的 1.3 节式(1)有

日高公式
$$y = \frac{x+a}{a} \cdot h$$

针对观天测地这种大课题,日高 y 和日远 x 都是难以测量的未知数,单靠日高公式是无法解决的,因此陈子设法再补充一个条件。

陈子设计观天测地的陈子模型,意在重复使用单杆测量系统使之成为双杆测量系统。

如图 16 所示在地平线上立前后两根标杆,两杆与日在同一平面内,长均为 h,彼此相距为 d,设在同一时刻测得前目测点到前杆距离(前影)a,后目测点到后杆距离(后影)b,据此计算日高 y 与日远 x。

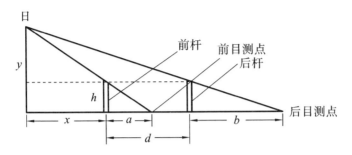

图 16　双杆测量系统的陈子模型

这样,利用商高用矩之道的算式(1)(见 1.3 节)针对上图前后两杆可以分别列出算式:

前杆
$$y = \frac{x+a}{a} \cdot h$$

后杆
$$y = \frac{x+d+b}{b} \cdot h$$

从这组关系式中解出

日远
$$x = \frac{d}{b-a} \cdot a$$

日高
$$y = \left(\frac{d}{b-a} + 1\right)h$$

这就建立一套观天测地的陈子模型:

日远
$$x = \omega a$$

日高
$$y = (\omega + 1)h$$

式中,参数

$$\omega = \frac{d}{b-a}$$

称作**重差率**。运用该模型求解双杆测量系统(见图 16)的这套方法称**重差术**。

2.3　陈子公设遭非议

显然,运用重差术观天测地,关键是求出重差率。然而重差率中所含数据是难以收集的,陈子主观地假设两杆相距千里时**影差** $b-a$ 相差一寸,即令重差率

$$\omega=\frac{d}{b-a}=1000 \text{ 里/寸}$$

史书上称这项设定为**陈子公设**。

后世学者对陈子测日的重差术议论纷纷,争论的焦点是陈子公设"日影千里差一寸"从何而来?这种提法合理吗?

唐朝奉旨注释《周髀算经》《九章算术》的大学者李淳风指出,陈子公设的提法是错误的。鉴于唐朝国力昌盛,他可能组织人力进行了大规模的实地测量。此外,现今人们都知道,**天地模型的盖天说是不科学的,因而立足于盖天说的天文学方面的计算结果大都是存疑的。**

就这样,陈子观天测地的重差学说被学术界简单地否定了,成了数学史上一个历史记忆。

陈子的重差术遭受挫折的根本原因是什么?

正如陈子所言,设计算法要有"智类之明",要深刻了解所设计的算法适用于哪一类问题,超出适用范围算法就不灵了。陈子所针对的计算极高且极远的观天测地问题,难以提供相应的重差率,因而重差术就不适用了。

第3章　近古刘徽探"海岛"

3.1　刘徽重建重差学说

往事越千年。公元 3 世纪魏晋刘徽在注释《九章算术》时,敏锐地认识到陈子的重差术是商高勾股术的重大进展,他认为在现实的工程实践中,重差率是可以提供的,因此刘徽试图在《九章算术》中,增补"重差"章附于"勾股"章之后。

刘徽在《九章算术注·原序》(后文简称《九章注序》)中说明了重建重差学说的"初心"和本意是探究陈子的思想:

"辄造重差,并为注解,以究古人之意,缀于勾股之下。"

后来,隋唐学者不知出于何种考虑,将刘徽的"重差"章从《九章算术》中移出单独成册,改名《海岛算经》。

历经千年辗转流传,现今《海岛算经》的注释与附图已遗失殆尽,仅存九道几何题,俗称"海岛九问"。

就这样,刘徽重建重差学说的原理阐述依然保留在《九章注序》中,而作为重差术应用的几何算例则被强行迁至《海岛算经》,致使刘徽的重差学说"身首分离",面目全非了。

3.2　百家争鸣探"海岛"

刘徽的重差术历经千年无人破解,这一数学瑰宝,一直被埋没在历史古籍之中,直到千年之后的 13 世纪,南宋杨辉运用所谓"勾中容横、股中容直"原理论证了《海岛算经》"望海岛"题(见图 17),但他未

图 17　"望海岛"题示意图（摘自《古今图书集成》）

能破解"海岛九问"的其余案例。

　　重差学说具有重大学术价值，引起后人广泛关注，可以毫不夸张地说，数学史上关于重差术的探索绵延了近两千年，直到新世纪的今天。

　　吴文俊先生撰写了长篇论文《我国古代测望之学重差理论评价兼

评数学史研究中某些方法问题》(简称《重差评价》)(文献[9]),综述了我国自唐宋以来历朝历代学者和一些外国学者的大量研究工作,并给予了学术评价,文中说:

"刘徽的《海岛算经》原有注有图,析理以辞,解体用图,所谓注相当于现代的分析与证明。可惜注图都已遗失。后世迄近代有不少中外人士曾补作证明。"

《重差评价》一文的评价是:

"上节所列各家的论证,我们认为除杨辉的论证以及李俨对杨辉的论证所作的解释以外,其他则不仅与中国古代几何学的真理不符,说得严厉一些,可以说所举论证都是错误的。"

吴文俊先生断言,在将近两千年的悠悠岁月中,国内外众多学者关于《海岛算经》的研究基本上都是错误的。

仅仅是九道几何题的"海岛九问"为什么竟如此神秘呢?刘徽是怎样"究古人之意"的?存在破解这一谜案的简捷算法吗?

3.3 重差模型再梳理

正如陈子的治学理念"智类之明"所倡导的那样,做学问要触类旁通,"问一类而以万事达"。刘徽在《九章注序》中明确指出,重差术是一类测高望远的普适性方法,他说:

"凡望极高、测绝深而兼知其远者必用重差,勾股则必以重差为率,故曰重差也。"

刘徽认识到,随着时代的进步和测量方法的改进,在现实的测量计算中,陈子模型中的重差率是可以实现的,因此他在陈子模型的基础上重建了重差学说。

刘徽的重差学说依然立足于类似于图 16 的双杆测量系统(见图

18）。它竟然是一套通用程序。

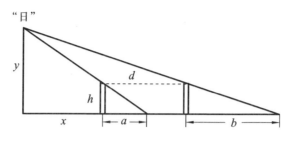

图 18　测高望远的重差模型

模型的套用需做如下三项准备工作。

● 一个目标：事先设定一个测量目标记作"日"。

● 二根标杆：竖立等长的两根标杆，高均为 h，前后两个目测点落地生成两条视线。"日"、标杆及视线全在同一平面内。

● 三个数据：测量前影（前目测点到前杆距离）a、后影（后目测点到后杆距离）b、两杆间距 d。

模型的套用施行三项计算。

● 计算重差率：

$$\omega = \frac{d}{b-a}$$

● 计算日高 y 与日远 x：

$$x = \omega a$$
$$y = (\omega + 1)h$$

● 套用模型解题，并给出解题答案。

可见，刘徽测高望远的重差模型（见图 18）与观天测地的陈子模型（见图 16）形式上是一回事，只是刘徽针对测高望远的几个案例事先具体计算出了重差率。

3.4　破解《海岛算经》的几个案例

刘徽在《九章注序》一文中指出：

"事类相推,各有攸归,故枝条虽分而同本干者,知发其一端而已。"

这番话启示人们,陈子的治学理念"智类之明"是设计算法的指导思想,而刘徽的《海岛算经》则是基于重差模型具体求解了测高望远的九道几何题：

望海岛题一	望松题二	望邑题三
望谷题四	望楼题五	望波口题六
望清渊题七	望津题八	临邑题九

后文将古题翻译成白话文以方便读者领悟,同时将原题中数字改为符号字母以便于算法设计与计算公式的推导,然后再用原题数据进行验算,确认求解过程的正确性。

望海岛题一

古 题 今 译

　　现有人测望海岛，立两标杆各高 h，前后间距 d，并使两标杆与海岛顶峰在同一平面内。从前标杆向后退 a，人目着地，前视岛峰刚好与标杆顶点在一直线上。从后标杆向后退 b，人目着地，前视岛峰也刚好与后标杆顶点在一直线上。绘制草图如图 19 所示，问岛高 y、岛与前标杆距离 x 各是多少？

草 图 绘 制

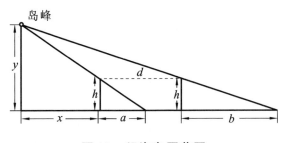

图 19　望海岛题草图

算 法 设 计

该题视岛峰为"日"。前后标杆长 h,影长 a,b,间距 d,计算重差率

$$\omega = \frac{d}{b-a}$$

套用重差模型知:

岛与前标杆距离

$$x = \omega a$$

岛高

$$y = (\omega + 1)h$$

数 据 验 算

古时所用的长度单位有里、丈、尺、寸。1 里 ＝ 180 丈,1 丈 ＝ 10 尺,1 步 ＝ 6 尺,1 尺 ＝ 10 寸。

已知

$$h = 3 \text{ 丈} = 30 \text{ 尺}, \quad d = 1000 \text{ 步} = 6000 \text{ 尺}$$

$$a = 123 \text{ 步} = 738 \text{ 尺}, \quad b = 127 \text{ 步} = 762 \text{ 尺}$$

计算得

$$\omega = \frac{d}{b-a} = \frac{6000}{762-738} = 250$$

$$x = \omega a = 250 \times 738 \text{ 尺} = 184500 \text{ 尺} = 102 \text{ 里 } 150 \text{ 步}$$

$$y = (\omega + 1)h = (250+1) \times 30 \text{ 尺} = 7530 \text{ 尺} = 4 \text{ 里 } 55 \text{ 步}$$

解 题 评 价

验算数据与《海岛算经》望海岛题一结果对照,两者完全一致。

望 松 题 二

古 题 今 译

现有人测望山上松树,树高不知。先立两标杆各高 h,前后距离 d,并使两者与松树在同一平面内。从前标杆后退 a,人目着地,前视树顶与标杆顶在同一直线上,又前视树根,视线截标杆顶以下 k。又从后标杆退行 b,人目着地,前视树顶,也与标杆顶在同一直线上。绘制草图如图 20 所示,求松树高 z 及山与前标杆距离 x。

草 图 绘 制

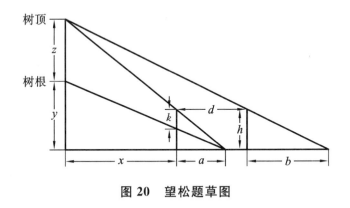

图 20 望松题草图

算 法 设 计

套用重差模型。这里指定松树顶为“日”。两标杆已知,高 h,间距 d,前影长 a,后影长 b,计算重差率

$$\omega = \frac{d}{b-a}$$

套用重差模型,按"日远"公式知山与前标杆距离

$$x = \omega a$$

按"日高"公式求得山高

$$z + y = (\omega + 1)h$$

为计算松树高 z,需要求出树根距地面高度 y,由图 20 显见,据用矩之道可列出算式

$$\frac{y}{x+a} = \frac{h-k}{a}$$

知

$$y = \frac{(h-k)(x+a)}{a} = (\omega + 1)(h-k)$$

据此求得松树高

$$z = (z+y) - y = (\omega + 1)k$$

数 据 验 算

已知

$$h = 2 \text{ 丈} = 20 \text{ 尺}$$

$$d = 50 \text{ 步} = 300 \text{ 尺}, \quad k = 2 \text{ 尺 } 8 \text{ 寸} = 2.8 \text{ 尺}$$

$$a = 7 \text{ 步 } 4 \text{ 尺} = 46 \text{ 尺}, \quad b = 8 \text{ 步 } 5 \text{ 尺} = 53 \text{ 尺}$$

计算得

$$\omega = \frac{d}{b-a} = \frac{300}{53-46} = \frac{300}{7}$$

$$z = (\omega + 1)k = \left(\frac{300}{7} + 1\right) \times 2.8 \text{ 尺}$$

$$= 122.8 \text{ 尺} = 12 \text{ 丈 } 2 \text{ 尺 } 8 \text{ 寸}$$

解 题 评 价

验算数据与《海岛算经》望松题二结果对照,两者完全一致。

望 邑 题 三

古 题 今 译

现有人向南测望正方形城,不知其边长。设立东西两标杆,相距 k。两杆与人目同高,用绳索相连。令东杆与城东南角、东北角成一直线。从东杆北行 b,前视城西北角,视线截绳索离东杆 h。再从东杆北行 a,前视城西北角,西杆却正在视线内。绘制草图如图 21 所示,求正方形城边长 x 及城与标杆距离 y。

草 图 绘 制

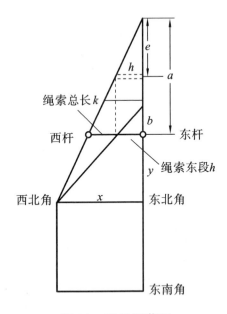

图 21 望邑题草图

算 法 设 计

套用重差模型。该题设定西北角为"日"。立足图中两条射线,令绳索东段充当前标杆,杆长 h,影长 b。如图 21 所示,从杆端引虚线交上视线,生成虚拟后标杆,杆长 h,影长 e 待求。注意到两标杆间距 a $-e$,其重差率

$$\omega = \frac{a-e}{e-b}$$

套用重差模型有:

"日高"即城边长　　　$x = (\omega + 1)h$

"日远"即城杆距　　　$y = \omega b$

重差公式内含未知数 e。据用矩之道列方程

$$\frac{e}{a} = \frac{h}{k}$$

定出　　　　　　　　$e = \frac{ha}{k}$

数 据 验 算

已知　　　　$k = 6$ 丈 $= 60$ 尺,　$b = 5$ 步 $= 30$ 尺

$h = 2$ 丈 2 尺 $6\frac{1}{2}$ 寸 $= 22.65$ 尺,　$a = 13$ 步 2 尺 $= 80$ 尺

计算得

$e = \dfrac{ha}{k} = \dfrac{22.65 \times 80}{60}$ 尺 $= 30.2$ 尺,　$\omega = \dfrac{a-e}{e-b} = \dfrac{80-30.2}{30.2-30} = 249$

$x = (\omega + 1)h = (249 + 1) \times 22.65$ 尺 $= 5662.5$ 尺 $= 3$ 里 $43\frac{3}{4}$ 步

$y = \omega b = 249 \times 30$ 尺 $= 7470$ 尺 $= 4$ 里 45 步

解 题 评 价

验算数据与《海岛算经》望邑题三结果对照,两者完全一致。

望谷题四

古题今译

　　现有人测望深谷。在岸上立矩尺,勾高 a,从勾端前视谷底,视线截取下股长 h。又另设一矩尺在上方,上矩与下矩相距 d,再从上矩勾端视谷底,视线截取上股长 k。绘制草图如图 22 所示,求谷深 y。

草 图 绘 制

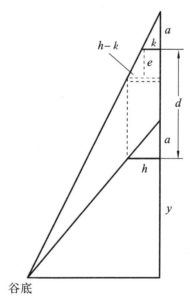

图 22　望谷题草图

算 法 设 计

套用重差模型。该题下股可充当前标杆,杆长 h,影长 a。如图 22 所示过杆端引虚线交上视线,生成虚拟后标杆,设它与上股距离为 e,则影长 $a+e$。

注意到影差 $(a+e)-a=e$,又间距 $d-e$,这里重差率

$$\omega=\frac{d-e}{e}$$

式中参数 e 待求。据用矩之道知

$$\frac{e}{h-k}=\frac{a}{k}$$

求得

$$e=\frac{(h-k)a}{k}$$

套用重差公式知"日远"即谷深

$$y=\omega a$$

数 据 验 算

已知

$$a=6\ \text{尺},\quad h=9\ \text{尺}\ 1\ \text{寸}=9.1\ \text{尺}$$

$$d=3\ \text{丈}=30\ \text{尺},\quad k=8\ \text{尺}\ 5\ \text{寸}=8.5\ \text{尺}$$

计算得　　　$e=\dfrac{(h-k)a}{k}=\dfrac{(9.1-8.5)\times 6}{8.5}\ \text{尺}=\dfrac{3.6}{8.5}\ \text{尺}$

$$\omega=\frac{d-e}{e}=\frac{30\times 8.5}{3.6}-1$$

$$y=\omega a=\left(\frac{30\times 8.5}{3.6}-1\right)\times 6\ \text{尺}=419\ \text{尺}$$

解 题 评 价

验算数据与《海岛算经》望谷题四结果对照,两者完全一致。

结语 "神龙见首不见尾"

一、什么是"重差"

前面顺利地破解了"海岛九问"中的四道题,其余题目的解法类同,为节省篇幅不再赘述。对此有兴趣的读者可参看笔者的著作(文献[11])。

据此得知,破解《海岛算经》的密钥是重差率,而重差术则是测高望远的通用程序。

什么是重差?学术界普遍认为"重"的含义是重复,重差则理解为"重测取差"。这种说法似乎含混不清。

我们再认真推敲刘徽在《九章注序》中的一段文字:

"凡望极高、测绝深而兼知其远者必用重差,勾股则必以重差为率,故曰重差也。"

这番话表达了重差术与重差率两层含义。

刘徽强调,凡是测极高(绝深)同时求其远的几何问题必须用重差术,重差术是测高望远的普适性方法。

重差术基于双杆(双矩)测量系统(见图18),即重复进行两次勾股测量,两次测量生成的重差率

$$\omega = \frac{d}{b-a}$$

是个比值,它表示后目测点到前杆的距离 $d+b$ 与该点到后杆距离 b 之差,除以前后日影之差 $b-a$,即

$$\omega = \frac{(d+b)-b}{b-a}$$

这就是说,重差率是两次勾股测量之差的"重叠"。

刘徽前文特别强调"勾股则必以重差为率",这种说法寓意深邃。

我们知道,重差术是勾股术的重复使用,前后两次勾股术勾相同而股互异。参看重差模型的图 18,前后两标杆等长而标杆距目标点产生三个数据:

前杆至后目测点距离 $d+b$;

后杆至后目测点距离 b;

前杆至前目测点距离 a。

因此,前后勾股测量有重差率

$$\omega=\frac{(d+b)-b}{b-a}=\frac{d}{b-a}$$

即如刘徽所言"勾股则必以重差为率"。

如果将重差模型产生的三个数据

$$d+b,b,a$$

看作一个数列,则重差率 ω 可以看作相邻数据的偏差比,那么充当偏差比的重差率将赋予深不可测的含义,下卷刘徽极限加速的重差术将进一步揭示这一事实。

有人这样评价诗的神韵:"诗如神龙,见其首不见其尾,或云中露一爪一鳞而已"。这样的诗作给人以神秘莫测、玄之又玄的感觉,因此有"神龙见首不见尾"这个俗语。

有些数学瑰宝立意高深,超出人们想象力,加之年代久远,资料缺失,长期得不到人们的理解和赏识,甚至被历史的烟尘所湮没。重差率就是这样一个典型的案例。

二、千年一脉世代传承的刘徽勾股

2000 多年前,"千古一帝"秦始皇为了抵御北方匈奴的骚扰,修

49

筑了名垂青史的万里长城。一个鲜为人知的史实是,秦始皇在修筑万里长城的同时,还修筑了一条"秦直道",一旦北方有战事随时快速出击。

据考古证实,秦直道从陕西延安一直延伸到内蒙古包头,全程700多公里,路面宽约60米,是国内外唯一一条2000多年前就已载入史册的大道,是世界上最早、最直、最长的历史大道。它路面平整坚实,工程之浩大堪与万里长城相媲美,是个名副其实的超级工程。

今日我国高速公路、高速铁路的规模领先世界,彰显中国人的聪明才智与奋斗精神,同时也是国人继承先祖伟业的又一例"返祖现象"。

本卷说明,在数学史上也拥有一条跨越千年世代传承的"数学大直道",这条"数直道"自始至终贯穿着同一种思维方式伏羲易理,千年一脉,蔚为壮观。本文称这条"数直道"为刘徽勾股。

本书循着历史的进程,列举了刘徽勾股这条千年"数直道"上几个壮丽的隘口与驿站:

○ 公元前11世纪商高提出千古绝技勾股术;

○ 约公元前4、5世纪陈子提出观天测地的重差术;

○ 公元3世纪魏晋刘徽重建重差学说,并用于求解测高望远一类几何问题,建立了中华几何学;

○ 刘徽割圆术中隐含的重差加速技术至今仍是微积分方法所无法企及的。

无缝对接这些数学瑰宝彰显了中华古算的大美:简单的美,和谐的美,统一的美。

如此壮丽的数学奇观使人联想起大诗人李白的名句:

朝辞白帝彩云间, 千里江陵一日还。

两岸猿声啼不住, 轻舟已过万重山。

中卷　从割圆术到微积分

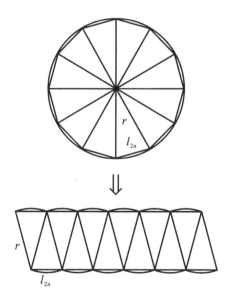

引言　破解"李约瑟之问"

英国学者李约瑟是"中国通",他对中国人民亲善友好,对中华文明推崇备至。李约瑟曾提出这样的疑问:

古代中国科技极其发达,中华数学曾千年世界领先,为什么中国人没有创造出微积分呢?

本章从三个方面深究这个问题。

其一,众所周知,微积分方法的本质和精髓是无穷小分析。事实上,直到 19 世纪末,近代的微积分学还被称为"无穷小分析"。这种提法源自欧拉。而在人类数学史上,首先举起无穷小分析大旗的是中国古代的刘徽,他提出的割圆术比微积分早 1400 多年。

其二,近代研究发现,莱布尼茨体系的微积分源自差和分原理。令人不可思议的是,刘徽割圆术进行无穷小分析时采用的竟是差和分模型,因而它与莱布尼茨体系微积分是无缝对接的。

其三,尤为重要的是逼近加速问题。

微积分方法本质上是逼近法,评价某种逼近方法优劣的根本标准是逼近的收敛速度。一个收敛速度过于缓慢的逼近方法,即使收敛也往往是没有实用价值的。遗憾的是,**作为逼近工具的微积分方法竟然难以解决逼近加速问题。逼近加速是微积分方法的软肋。**

又一个不可思议的奇迹出现了,本书下卷说明,**刘徽割圆术中潜藏着逼近加速重差术,它弥补了微积分方法这方面的缺陷和不足。刘徽加速的简单高效是微积分方法所望尘莫及的。**

第1章 千古绝技割圆术

刘徽的《割圆术》是《九章算术》"圆田术"的注记,亦称《圆田术注》。"圆田术"指出,圆面积等于圆周长与半径乘积之半,即圆面积等于以圆半周长为底、半径为高的长方形面积。刘徽《割圆术》一文严格证明了这一论断。

圆是最简单、最基本的曲边图形。计算圆面积是人类在处理方法上从"直"跨入"曲"的关键的一步,是人类在思想观念上从"有限"进入"无穷"的一次飞跃。这需要大智慧。

掌握这种大智慧,就能在思想观念和处理方法上实现从初等数学向高等数学的转变。刘徽的"割圆术"是开启高等数学大门的金钥匙。

1.1 刘徽是怎样割圆的

多边形的"直"是容易把握的,计算周长、面积都很简单,而曲边图形的圆的研究则很困难。

能否化难为易,将圆的研究归结为处理简单的多边形呢?

一、从六边形割起

刘徽考察了圆的内接多边形。他先从六边形做起。

大概在上古时代,人们早就发现这样一个有趣的事实:从圆周上任意一点出发,以半径为步长沿着圆周朝前跨,这样恰好划分圆周成六等份。连接等分点生成圆的内接正六边形,如图1所示。

这个正六边形均匀而对称,极富美感。圆与它的内接正六边形,一曲一直,一难一易,相映成趣,令人遐想无限。

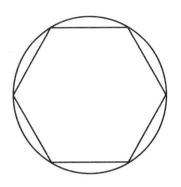

图1 圆的内接六边形

二、逐步二分的割圆方式

简单地用六边形近似圆周,显得过于粗糙,为了改善逼近效果,刘徽着手增加割圆的等份数。他是按弧段逐步二分即等份数逐步倍增的方式割圆的。

设将六等份的每个弧段再对半二分,结果生成圆的内接正12边形。直观上可以明显地看出(见图2),这个正12边形比原先的正六边形更接近于圆周。二分前后的这两个多边形有什么联系呢?

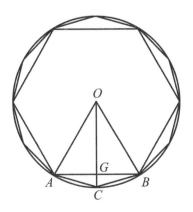

图2 二分割圆

连接圆心与正 12 边形诸顶点,将正 12 边形剖分成 12 个单元。考察其中一个单元△AOC,其面积等于 |AG| · |OC| 的一半。记圆半径 |OC| = r,正六边形边长 |AB| = l_6,其周长 $L_6 = 6l_6$,则内接正 12 边形的面积

$$S_{12} = 12S_{\triangle AOC} = \frac{6}{2} \cdot l_6 \cdot r = \frac{1}{2}L_6 \cdot r$$

即正 12 边形面积等于正六边形周长的一半 $\left(\frac{1}{2}L_6\right)$ 与半径 r 的乘积。

同理,如果再对分正 12 边形的每个弧段,即得圆的内接正 24 边形,其面积等于正 12 边形的周长的一半 $\left(\frac{1}{2}L_{12}\right)$ 与半径 r 的乘积:

$$S_{24} = \left(\frac{1}{2}L_{12}\right) \cdot r$$

重复弧段逐步对分的二分过程。每分割一次,内接多边形的边数增长一倍。这样分割 k 次以后,内接多边形的边数 $n = 6 \times 2^k$。

记 l_n 表示二分前 n 边形的边长,其周长 $L_n = nl_n$,则二分后正 $2n$ 边形的面积

$$S_{2n} = \left(\frac{n}{2}l_n\right) \cdot r = \left(\frac{1}{2}L_n\right) \cdot r$$

即正 $2n$ 边形的面积 S_{2n} 等于正 n 边形的周长的一半即 $\frac{1}{2}L_n$ 与半径 r 的乘积。

由此可见,二分割圆前后的"老"的和"新"的两个内接正多边形之间存在这样的联系:

"新"多边形的面积="老"多边形的周长的一半×半径
这一事实暗合所要证明的命题:

圆面积=圆周长的一半×半径

三、"觚幂"之谜

为了沟通圆同它的内接(外切)多边形的关系,有两条可供选择的

途径：一是周长，即用内接（或外切）多边形的周长逼近圆周长。古希腊的阿基米德走的就是这一条路。后来许多数学家也都是这样做的，因为多边形的周长有比较简单的数学表达式。

然而刘徽却独辟蹊径，偏偏着眼于面积，即所谓"幂"。他用一系列内接多边形的面积（"觚幂"）来逼近圆面积（"圆幂"）。

殊途同归，两条途径都能获得圆周率。但对多边形而言，面积是通过边长来计算的，两者有繁简之别。

在"割圆术"中，刘徽为什么要"舍近求远""弃简取繁"，偏偏"钟情"于面积呢？

刘徽是个战略家，他是根据割圆过程全局的需要来决策的，后文将逐步揭示其中的奥妙。不过，在上一小段剖析二分前后新、老多边形的关系中，面积的威力其实已初露锋芒。从面积的角度看，在二分割圆过程中，圆与它的内接多边形是和谐的。

四、通向无穷之路

纵观刘徽的割圆过程，它可表达为如下三个环节：

一是**剖分**。先将圆剖分为六等份。考察图 2 所示的正六边形的一个单元，如果仅用 $\triangle AOB$ 的面积作为扇形 AOB 面积的近似，则损失过多。

二是**修补**。将弧段 AB 对分，记等分点为 C。显然，如果用 $\triangle ACB$ 的面积修正 $\triangle AOB$ 的面积，即令

扇形 AOB 面积 $\approx \triangle AOB$ 面积 $+ \triangle ACB$ 面积

这样就会减少损失。

三是**重复**。进一步考察分割以后的新单元。同样理由，简单地用 $\triangle AOC$ 面积近似扇形 AOC 面积，显得过于粗糙，因此再将弧段 AC 对分，记等分点为 C_1（图 2 中未标出点 C_1），而令

扇形 AOC 面积 $\approx \triangle AOC$ 面积 $+ \triangle AC_1C$ 面积

这样反复地分割下去,最终就可以"穷竭"圆面积。

"以直代曲",用内接正多边形的面积作为圆面积的近似值,必然会有误差。然而在二分过程中,二分割圆的次数越多,内接多边形的面积与圆面积的偏差就越小。这样,如果无限地分割下去,最终内接多边形就会同圆合为一体,两者的误差就消失了,从而达到了"化曲为直"的效果。早在近 1800 年前,刘徽竟作出了这样震古烁今的判断:

割之弥细,所失弥少。割之又割,以至于不可割,则与圆合体,而无所失矣。

由此可见,在刘徽的心目中,割圆过程是个"割之又割"的无限过程,"割圆术"是通向无穷之路。

1.2　圆面积的逻辑演绎

作为《九章算术》"圆田术"的注记,"割圆术"首先着眼于证明"圆田术",即"圆面积等于圆周长的一半与半径的乘积"这一命题的正确性。然而究竟什么是"圆面积"呢?

一、内外夹逼:定义圆面积

考察刻画割圆过程中的图 3。图中 AB 与 AC(或 CB)分别表示内接正 n 边形与正 $2n$ 边形的一边。△AOB 为分割前的**老单元**,而△AOC 和△COB 则为分割后的**新单元**。半径 OC 是**分割线**。

一个明显的事实是,分割线已经超出老单元,刘徽称超出的部分为**余径**。

所谓"余径",是指分割线的边外部分,如图 3 所示的线段 GC。余径($|GC| = r_n$)乘以边长($|AB| = l_n$)得**余径长方形** ADEB 的面积。

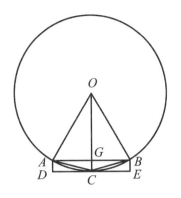

图 3　二分割圆生成余径

$\triangle ACB$ 称为**余径三角形**,其面积为余径长方形面积的一半,即等于 $\frac{1}{2}r_n \cdot l_n$。再参看图 3,四边形 $ACBO$ 面积等于 $\triangle AOB$ 面积加上 $\triangle ACB$ 面积,因此有

$$S_{2n} = S_n + n\left(\frac{1}{2}r_n \cdot l_n\right)$$

即正 $2n$ 边形面积可以由正 n 边形面积加余径三角形面积来修正得出。

　　另一方面,如果将图 3 的四边形 $ACBO$ 的面积再加上余径三角形 ACB 面积,即得五边形 $ADEBO$ 的面积,这个面积超出扇形 AOB 面积,因此有

$$S_{2n} + n\left(\frac{1}{2}r_n \cdot l_n\right) > S^*$$

其中 S^* 为圆面积。

　　综合上述结果,扇形 AOB 面积夹于四边形 $ACBO$ 面积与五边形 $ADEBO$ 面积之间,因而圆面积 S^* 夹于下列两个逼近序列之间:

$$S_{2n} < S^* < S_{2n} + (S_{2n} - S_n)$$

上式左右两端都是容易计算的,而夹在它们之间的 S^* 是未知量。

刘徽接着指出:当分割次数无限增多时,其内接多边形与圆周相重合,这时余径就消失了。余径消失,余径长方形也就不复存在,因而上式的左右两侧趋向于同一数值。这个值就是圆面积。

"割圆术"的一个重要目标是导出圆面积的计算公式。刘徽清醒地认识到,为此首先要解决"什么是圆面积"的问题。曲边图形的"圆"该怎样定义它的"面积"或"周长"呢?刘徽采用"化圆为方"的策略,把未知的(尚未定义的)圆面积夹在两个已知的(已被定义的)"方"的图形的面积之间,然后左右夹逼,用已知的"易""逼"出未知的"难"来。

值得强调的是,**刘徽给出的圆面积存在性的这一证明,即使从现代高等数学的观点来看也是严格的。**如后文 1.3 节所述,这一命题透射出极限论的一个重要原理——"双侧逼近原理"。

二、"余径"之奇

刘徽这里引进了"余径"。在割圆过程中,余径是一些逐渐消失的"小量"。

可别小看数学上的"小量"。"山不在高,有仙则名";量不在"小",有用则灵。"小小秤砣压千斤",是人们亲眼所见的事实。"给我一个支点,我就可以撬动这个地球!"阿基米德的豪言壮语貌似荒谬,却撼人心弦。

牛顿就是在"无穷小量"的基础上建起了巍峨的微积分大厦。

刘徽借助于余径考察了"余径长方形"。这些小长方形的圆外边界构成一条包围圆周的曲线(见图 4),这种齿轮状的多边形可称为**"破缺"的外切多边形。**它可以看作是外切多边形(见图 5)剪去几个小角的产物。

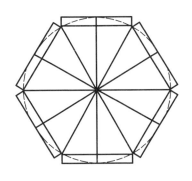 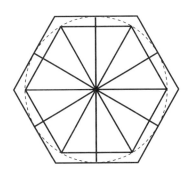

图 4 圆的"破缺"的外切多边形　　　　图 5 圆的外切多边形

这里刘徽又出奇招。

为了内外夹逼圆周,阿基米德在计算内接多边形的同时,又考虑了外切多边形(见图 5)。这种做法看起来很自然。与阿基米德的做法不同,刘徽将外切多边形剪去了几个小角,换成"破缺"的形式。从几何图形来看,这似乎又有弃简取繁、故弄玄虚之嫌。

刘徽这样做究竟为了什么?

前面的图 4 已经鲜明地提示出这一做法的精妙:**"破缺"的外切多边形的面积值 $S_{2n} + (S_{2n} - S_n)$ 是由内接多边形的面积值 S_n,S_{2n} 组合生成的,几乎不需要耗费计算量。**与之相比较,阿基米德额外计算外切多边形的做法使计算量增加了一倍,反而影响了精度,真是吃力不讨好。

三、剪裁拼接:计算圆面积

剩下的问题是进一步导出圆面积的计算公式。为此,刘徽采取剪裁拼接手续,将圆进一步拼接成简单的长方形来考察。

如图 6 所示,将内接正 $2n$ 边形的各个三角形单元"裁"开,然后再重新拼接成如图 7 所示的四边形(近似长方形)。上下底的波浪线表示对应的弧段。每两个相邻的小三角形片拼成一个小四边形,其面积

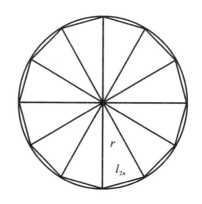

图 6 二分割圆裁成若干小片

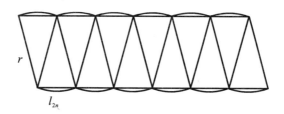

图 7 二分割圆的小片再拼接成长方形

近似等于边长 l_{2n} 与半径 r 的乘积,故正 $2n$ 边形的总面积等于 $nl_{2n} \cdot r$,即等于正 $2n$ 边形周长的一半 nl_{2n} 乘以半径 r。**这就证明了《九章算术》的"圆田术"的正确性:**

$$圆面积 = 圆周长的一半 \times 半径$$

1.3 "割圆术"开极限论之先河

一、初等数学的升华

人们把基础数学区分为初等数学与高等数学。高等数学的基础是微积分。微积分为什么算作"高等"的数学?从初等数学到微积分的主要通道在哪里?

在创建微积分的过程中,牛顿和莱布尼茨都特别强调微积分是"无穷"的数学。微积分被提出后,人们长期习惯于称之为"无穷小分析"。这种提法源于欧拉。欧拉于 1748 年在他一本著名的微积分教科书中,用"无穷小量解析"一词来描述微积分。这个名字直到 19 世纪晚期还在使用。

通俗地说,高等数学(包括其主要成分的微积分)是"无穷"的数学,而初等数学则是"有限"的数学。这样,**是否包容"无穷",便成了划分高等数学与初等数学的"分水岭"。**

西方数学史上往往把微积分思想追溯到公元前 3 世纪古希腊的阿基米德。阿基米德运用所谓"穷竭法"计算出了一些曲边图形的几何量,如周长、面积等。曲边图形"天然"含有"无穷"的成分,阿基米德的种种计算为微积分作了铺垫。然而,**古希腊人在精神上对"无穷"怀有恐惧,因而他们总是谨慎地避免明显地"取极限"。**事实上,穷竭法与"无限的"极限过程毫不相干,它从属于初等数学的范畴。

在中外古代数学史上,首先举起"极限论"大旗的是中国的刘徽。刘徽的割圆术清晰地提出了极限思想并刻画了极限过程,同时给出了极限的计算方法。

二、微积分需要严密化

极限论是从初等数学到高等数学的主要通道。阿基米德的穷竭法通过注入极限思想被引入微积分,然而穷竭法的"先天不足",使创建初期的微积分缺乏逻辑上的严密性。牛顿自己也承认,初期的微积分方法"与其说是精确的证明,不如说是简短的说明"。

牛顿发明的微积分充满朝气,但同时显得幼稚和粗糙。在早期的微积分论文中,牛顿使用符号"0"表示"无穷小量"。什么是"无穷小量"的"0"呢?在牛顿的心目中,它不是纯粹的数"零",但其绝对值又小于任意给定的小量。这有悖于传统的"数"的观念,遭到广泛的非议。直到 18 世纪,英国的伯克莱主教还猛烈攻击"无穷小量"是"消失的量的鬼魂"。

17 世纪中叶创建的微积分,强有力地推动了数学的迅猛发展,其内容之丰富,应用之广泛,令人眼花缭乱、目不暇接,然而微积分逻辑混乱这个矛盾也更加突出了。数学家们不能容忍这样的事实:**高耸入云的微积分大厦竟建立在缺乏逻辑基础的沙滩上。**

微积分需要严密化,然而这方面的探索步履维艰。

数学当中常有这种"怪"东西,它极其直观,但在逻辑上却总也说不清楚。"极限"就是数学中的这种"怪物"。关于"什么是极限",从微积分创建初期一直到 19 世纪中叶,数学家们整整冥思苦想了 200 年,最终德国数学家魏尔斯特拉斯总算悟出了一个"怪点子",提出了极限定义的"ε-δ 说法"。

极限论在逻辑上被弄清楚了,微积分这座数学大厦也在极限论的基础上得到了巩固。数学家们感到心满意足。

三、刘徽割圆术的奇光异彩

然而,问题又从另一方面冒了出来。**被数学家们加工改造后的微积分虽然逻辑上是严密的,但它缺乏直观性,失去了朝气。**17 世纪创建的生动活泼的微积分披上了神秘的外衣,给后人学习微积分平添了无穷的烦恼。

让我们再来欣赏古朴纯真的《割圆术》,看一看刘徽是怎样阐述极限论的。

我们将会看到,刘徽在《割圆术》中所表述的极限论,**既有逻辑的严密性,又有几何直观性与实际应用的可操作性。**"极限",这个令西方人望而生畏的"怪物",竟在割圆过程中被轻而易举地制服了。

不可思议的是,刘徽的《割圆术》实际上涵盖了大学微积分教材中**有关数列极限的基本知识,包括极限的定义、收敛性的判别、无穷小量**

的概念乃至"和"的极限,等等。

四、立足"逼近"看"极限"

刘徽设计的割圆过程是个无穷的过程,它用一系列内接多边形的面积

$$S_{12} \to S_{24} \to S_{48} \to S_{96} \to \cdots$$

逐步逼近圆面积 S^* 。这个过程包含"逼近"与"极限"两个方面,它们是圆与方、曲与直、虚与实、难与易等矛盾双方的对立统一。

刘徽的《割圆术》不是空洞地、抽象地议论"极限",而是立足于逼近过程(割圆过程)去揭示极限的本质。 直观的逼近过程容易被理解和把握,而且可以充分发挥想象力,创造出诸如算法设计技术、逼近加速技术之类精妙的数学方法。

"立足逼近看极限"是《割圆术》的一大特色。 这种处理方法驱散了笼罩在极限论上空的迷雾。

某个数列 $\{x_n\}$ 当下标 n 趋于 ∞ 时收敛到极限值 a,这一事实可直观地解释为:当 n 充分大时,误差 $|x_n-a|$ 会足够小。

问题在于这种说法在逻辑上不清晰。

给极限下个严格的定义很困难。所谓数列 $\{x_n\}$ 以数 a 为极限,这就要求保证误差 $|x_n-a|$ 当 n 充分大时会任意地小;然而在极限值 a 未知的情况下,准确地计算误差 $|x_n-a|$ 是不可能的。极限要用误差来定义,误差要靠极限值来计算,这是一个先有"鸡"还是先有"蛋"的问题。

看看刘徽是怎样论证数列 $\{S_n\}$ 以 S^* 为极限的。在割圆术中,刘徽引进了"余径"和"差幂"的概念,给出了如下双侧逼近公式:

$$S_{2n} < S^* < S_{2n} + (S_{2n} - S_n)$$

据此可以利用偏差来估计误差:

$$|S_{2n} - S^*| < |S_{2n} - S_n|$$

这样,对于任给精度 $\varepsilon > 0$,只要顺序检查计算数据 S_n,一旦发现某个大数 N 使偏差

$$|S_{2N} - S_N| < \varepsilon$$

立即获知误差

$$|S_{2N} - S^*| < \varepsilon$$

再注意到误差是逐步递减的("割之弥细,失之弥少"),由此可以判定,当 $n > N$ 时,

$$|S_n - S^*| < \varepsilon$$

恒成立,从而数列 $\{S_n\}$ 确实收敛到极限值 S^*。

由此可见,刘徽的极限观念,即使从高等数学的观点来看,在逻辑上也是严密的。

在割圆计算的逼近过程中,刘徽用相邻计算结果的偏差($S_{2n} - S_n$)来驾驭未知的误差 $|S_n - S^*|$,从而使误差的估计与分析变得简易而直观。这样,"极限"的含义自然就没有什么神秘可言了。

五、极限的存在性

对于给定的某个逼近序列,它是否收敛以及如何计算极限值,这个问题自然是人们所关注的。大学高等数学教材中用以判别极限存在的重要命题,其中之一是所谓**单调逼近原理**,它的含义是:如果数列 $\{x_n\}$ 是单调有界的,那么它必定收敛到某个极限值。

《割圆术》表明刘徽早就悟出了这个命题。

刘徽通过割圆过程计算出一系列内接多边形的面积 S_{12}, S_{24}, S_{48},…。《割圆术》所说的"割之弥细,失之弥少"正是刻画了数列 $\{S_n\}$ 单调有界的这一特性:

$$S_{12} < S_{24} < S_{48} < \cdots < S^*$$

而其论断"割之又割,以至于不可割,则与圆合体,而无所失矣",翻译成高等数学的语言,就是"逼近数列$\{S_n\}$收敛到作为极限值的圆面积S^*"。

《割圆术》中的这番话,准确无误地透射出"单调有界数列必收敛"这个基本原理。

大学高等数学教材中判别极限存在的所谓**双侧逼近原理**,在割圆术中也有鲜明的反映。

前已指出,在割圆过程中,内接多边形的面积S_n收敛到圆面积S^*。基于同样理由,外切多边形的面积T_n亦收敛到圆面积,且有

$$S_n < S^* < T_n$$

阿基米德正是用内接多边形与外切多边形"内外夹逼"来计算圆周长,从而获得圆周率的。

如前文所述,刘徽的做法更高明。他重新设计了所谓"破缺"的外切多边形,它的面积R_n介于S_n与T_n两者之间:

$$S_n < S^* < R_n < T_n$$

这样,依据数列$\{S_n\}$与$\{T_n\}$的收敛性,可以断定数列$\{R_n\}$亦收敛于圆面积S^*。

破缺的外切多边形,其几何形象有点玄妙,但它的代数结构却很简单,面积R_n很容易计算。这一事实为双侧逼近原理提供了一个生动的范例。

六、无穷小量的概念

纵观数学史,中国人研究数学走的是一条独特的道路,完全不同于西方。**西方人片面地强调逻辑推理,试图创建"天衣无缝"的逻辑体系;中国人则尊重事实,将数学理论蕴含于实际计算之中。**每当碰到新的数学概念,诸如无理数、无穷小量,等等,在西方总会掀起轩然大波,甚至会因为旧的逻辑体系遭到破坏而导致所谓"数学危机"。中国

则不然,中国人面对现实,承认一切实实在在的东西。每当碰到新的
"数"和"量",就在计算过程中逐渐地了解它们,熟悉它们,直至制服它
们,驾驭它们。

在阐述内接多边形面积 S_n 逐步逼近圆面积 S^* 时,刘徽强调"割
之弥细,失之弥少",这里的"失"指逼近值的误差 $|S^* - S_n|$;而结论
"以至于不可割,……而无所失矣",则是说明误差是个无穷小量。由
于圆面积 S^* 是个未知量,误差 $|S^* - S_n|$ 的直接计算是困难的。刘徽
避开这个困难而考察偏差 $|S_{2n} - S_n|$。偏差自然也是无穷小量,但由于
它们是计算数据,因而容易进行分析。**利用无穷小量的偏差驾驭无穷小
量的误差,是割圆术的一个秘诀。**

总之,令西方人感到恐惧甚至被某些人恶毒咒骂为"消失的量的
鬼魂"的无穷小量,在刘徽的割圆术中却是鲜活的客观存在,它们扮演
着各种角色,甚至起着举足轻重的作用。

以下进一步深入剖析割圆术所蕴涵的深刻的思想方法。

1.4 割圆术直通微积分

一、割圆术的无穷小分析

将有限量圆面积看作无穷多个小三角形面积的和,这种观念称**无
穷小分析。**如果将割圆过程表述为下列几个步骤,那么它同积分计算
的处理方法就完全吻合了。

第 1 步:细分(化整为零)。

刘徽从内接正六边形割起,反复施行二分手续,二分 k 次将圆周
分割成 6×2^k 个小弧段,圆面被分割成 6×2^k 个小扇形片。

第 2 步:"磨光"(以简卸繁)。

刘徽以直代曲,用直线段近似替代小扇形的曲边,将小扇形片转
化为小三角形片,后者的面积更容易计算。

第 3 步:求和(聚零为整)。

再将诸小三角片拼接在一起,生成内接正多边形。

第 4 步:取极限(无穷分割)。

这样"割之又割,以至于不可割"。最终由内接多边形面积的极限得出圆面积。

在割圆计算中,刘徽将圆面积定义为内接多边形面积的极限,其含义是,用无穷多个无穷小的三角形片拼出圆面,从而求出圆面积。这种无穷小分析思想直通高等数学微积分。

二、割圆面积的差和分形式

前已看到,在割圆计算中刘徽特别注重分析偏差 $S_{2n} - S_n$,显然圆面积 δ^* 可表示为无穷多个偏差的总和

$$\delta^* = S_6 + (S_{12} - S_6) + (S_{24} - S_{12}) + \cdots + (S_{2n} - S_n) + \cdots \qquad (1)$$

设想偏差的初值为 S_6 在割圆过程中,偏差是逐步递减的,而当分割次数无限增多时,偏差值趋于 0,这时偏差的总和就与圆面积完全相等了。

上述求和公式有个鲜明的特点,其每一项 $S_{2n} - S_n$ 具有差的形式,因而和式(1)表现为差的和,这种特殊形式的和式称作差和分。后文将会看到,在 17 世纪,天才的莱布尼茨将差和分"点石成金",一蹴而就地导出了微积分基本定理。由此可见,刘徽的割圆术同它滞后千年的莱布尼茨微积分是"无缝对接"的,这一事实的玄妙令人无法想象。

第 2 章　从差和分到微积分

2.1　莱布尼茨体系微积分

我们知道,尽管牛顿与莱布尼茨几乎同时发明了微积分,但他们走向微积分的道路并不相同。他们二人是从不同的方向会师微积分基本定理的。

人们都津津乐道牛顿的创业史,尽管艰辛,但很风光。克莱因的《古今数学思想》中有一番精彩的描述:

"数学和科学中的巨大进展,几乎总是建立在几百年中作出一点一滴贡献的许多人的工作之上的,需要有一个人来走那最高和最后的一步,这个人要能足够敏锐地从纷乱的猜测和说明中清理出前人的有价值的想法,有足够的想象力地把这些碎片重新组织起来,并且足够大胆地制定一个宏伟的计划,在微积分中,这个人就是牛顿。"(文献[1],65,66 页)

正如克莱因所指出的,牛顿是"从物理方向"走向微积分的。在牛顿眼里,物理量的变化率是个鲜活的存在。在微积分发明之初,牛顿称变化率为"流数",称微积分为"流数术"。因此讲解微积分,应当立足变化率,要首先将导数讲清楚,再讲微分和积分,最后逻辑证明联系微分和积分的微积分基本定理。现行的微积分教材(无论是国内的还是国外的)在讲解微积分时历来都是按照牛顿的思路来编写的。

克莱因的《古今数学思想》被誉为"古今最好的一本数学史",受到人们广泛的好评。微积分的发明是数学史上一桩重大事件,克莱因花了不少篇幅介绍莱布尼茨的工作,他借用别人的评说,但留给读者的印象却是怎么也理不清楚的一团乱麻,一个数学中的"谜"。

尤其令人无法接受的是,莱布尼茨 1714 年写了专题《微分学的历史和根源》,向世人袒露了自己发明微积分的初衷和思想根源,然而以宣扬"古今数学思想"为宗旨的克莱因,竟然完全撇开了莱布尼茨的这篇重要文献,他甚至扬言:

"在这篇文章中,莱布尼茨给出一些关于他自己思想发展的记载。但是,这是在他的工作做了许多年以后才写的,而且由于人的记忆力的衰减和他在此时获得的巨大洞察力,**他的历史可能不是精确的**。又因为他的目的是针对当时加于他的剽窃的罪名而保卫自己,所以**他可能不自觉地歪曲了关于他的思想来源的记载**。"(文献[1],83 页)

就这样,克莱因以种种"莫须有"的罪名,将莱布尼茨发明微积分的真实思想一笔勾销了,结果使得莱布尼茨的伟大才智蒙上了重重雾霾。莱布尼茨发明微积分的真实思想被深埋在历史的尘埃之中,直到不久前才被世人揭露出来。

文献[2]针对莱布尼茨的论文《微分学的历史和根源》指出:

"莱布尼茨说出他发明微积分的根源就是差和分学。在他的一生当中,总是不厌其烦地解释这件得意的杰作。差和分与微积分之间的类推关系,恒是莱布尼茨思想的核心。"

其实差和分原理的设计思想源远流长,如前所述,魏晋刘徽割圆术的基本公式(1)(见上一章 1.4 节)就蕴涵着这个原理。依据莱布尼茨的思想,针对不同的数学环境,将它几番变形,点石成金,最终竟然像"变魔术"似的生成了微积分,这真是数学史上一个令人难以置信的奇迹。

本章将逐个介绍差和分原理的几种形态,其中包括:

（1）初等数学时期数列求和的模式态；

（2）微积分萌发初期求曲边图形面积的离散态；

（3）作为极限态的差和分原理直接给出了微积分基本定理,从而导致微积分的发明。

2.2　差和分的模式态

考察一般数列 $\{a_k\}$ 的和分 $\sum\limits_{k=1}^{n} a_k = a_1 + a_2 + \cdots + a_n$。和分计算之所以是困难的,是因为它是 n 个数求和,而 n 是任意给定的。

天才的莱布尼茨设想绕开和分这块难啃的硬骨头,转而考察某个数列 $\{b_k\}$ 的**差分** $b_k - b_{k-1}$, $k = 1, 2, \cdots, n$。

差分是数列相邻数据的偏差,计算是简单的。差分的和分即所谓**差和分**具有形式(参看上一章式(1))

$$\sum_{k=1}^{n} (b_k - b_{k-1}) = (b_1 - b_0) + (b_2 - b_1) + (b_3 - b_2) + \cdots + (b_n - b_{n-1})$$

差和分这种结构很特殊,如果在求和过程中逐步约简相邻两个符号相反的项,最终就有

$$\sum_{k=1}^{n} (b_k - b_{k-1}) = b_n - b_0$$

这样,差和分 $\sum\limits_{k=1}^{n} (b_k - b_{k-1})$ 尽管本质上是个和分,但与原先的和分 $\sum\limits_{k-1}^{n} a_k$ 在计算的难易程度上有天壤之别,**差和分有直接而简单的计算结果。**

差和分是容易计算的,这是一个光彩夺目的亮点。**将所给的和分**

转化为差和分,这种新方法称差和分学。

差和分学蕴含下列三个要素:

(1) **和分**,指所给数列$\{a_k\}$的前n项求和$\sum\limits_{k=1}^{n}a_k$;

(2) **差分**,指与之匹配的某个待定数列$\{b_k\}$相邻两数的偏差$\Delta_k=b_k-b_{k-1}$;

(3) **差和分**,指差分的和分$\sum\limits_{k=1}^{n}\Delta_k$,它有直接的计算公式,即

$$\sum_{k=1}^{n}(b_k-b_{k-1})=b_n-b_0$$

所谓差和分学的模式态具有如下定理:

【**定理 1**】 如果数列$\{b_k\}$与原数列$\{a_k\}$是匹配的,即有差分关系式

$$a_k=b_k-b_{k-1},\quad k=1,2,\cdots,n$$

成立,则和分

$$\sum_{k=1}^{n}a_k=b_n-b_0$$

值得指出的是,对于任给数列$\{a_k\}$,其和分构成的数列

$$b_k=a_1+a_2+\cdots+a_k,\quad k=1,2,\cdots,n$$

即与原数列$\{a_k\}$相匹配,因为有下列差分关系式显然成立:

$$b_k-b_{k-1}=a_k,\quad k=1,2,\cdots,n$$

这表明**差分与和分是互逆的**。而定理 1 说明:由于差分与和分是互逆的,所以差分的和分可直接得出所求的和分,这就是差和分原理。

可见,差和分原理是直白的,它可以用"相反相成"这个成语来概括,即差分与和分既相互对立又相互促成。用数学语言来说,差分与和分是互逆的,或者说,互为因果关系。

2.3 差和分的离散态

出人意料的是,前两节介绍的差和分学,竟是微积分学最原始、最基本、最简单的形态。直截了当地说,**差和分是微积分方法的开源算法,这一事实是伟大的莱布尼茨发现的。**

考察由曲线 $y=f(x)$,$a\leqslant x\leqslant b$ 及直线 $x_0=a$,$x_n=b$ 与 $y=0$ 围成的曲边梯形,如图 8 所示。

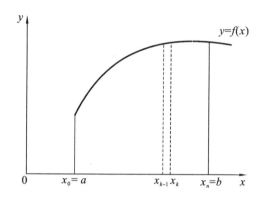

图 8 以曲线 $y=f(x)$ 为一边的曲边梯形

仿照割圆术的做法,采用**离散化手续**细分曲边梯形。譬如,将区间 $[a,b]$ 分成 n 等份,子段长 $\Delta x=\dfrac{b-a}{n}$,分点

$$x_k=a+k\Delta x,\quad k=0,1,2,\cdots,n$$

过分点 x_k 引直线剖分曲边梯形为 n 个细长条(见图 8),第 k 个细长条的面积近似等于 $f(x_k)\Delta x$,因而曲边梯形面积近似等于

$$\sum_{k=1}^{n}f(x_k)\Delta x。$$

通过这种离散化手续,被积函数 $f(x)$ 变成了数列 $\{f(x_k)\}$,与之匹配的自然是某个函数 $F(x)$ 的数列 $\{F(x_k)\}$,类比上一节差和分结构

的定理 1,这里自然可定义和分、差分、差和分:

(1)(和分)　$\displaystyle\sum_{k=1}^{n} f(x_k)\Delta x$;

(2)(差分)　$\Delta F(x_k) = F(x_k) - F(x_{k-1}),\quad k=1,2,\cdots,n$;

(3)(差和分)　$\displaystyle\sum_{k=1}^{n}\Delta F(x_k) = F(b) - F(a)$。

差和分基本定理表现了差分与和分的因果关系,对于离散态差和分,有如下定理:

【定理 2】　如果成立匹配条件即差分关系式

$$f(x_k)\Delta x = \Delta F(x_k),\quad k=1,2,\cdots,n,$$

则和分

$$\sum_{k=1}^{n} f(x_k)\Delta x = F(b) - F(a)$$

我们看到,这里的定理 2 较上一节的定理 1 距离实际背景前进了一大步,但依然有寻求匹配函数 $F(x)$ 的实际困难。

另外,还有一个模型失真问题,离散化后的定理 2 所求的和分 $\displaystyle\sum_{k=1}^{n} f(x_k)\Delta x$ 并非曲边图形的真正面积,而只是曲边图形面积的近似值。怎样将这种近似值提升为准确值呢?

将会看到,施行无限细分即取极限的运算手续,能够"一箭双雕"地解决上述两个方面的难题。

2.4　差和分的极限态

再考察图 8 细分曲边梯形的离散化情形。设将每个子段进一步反复细分,则剖分出的细长条越来越细,如此无限细分下去,直到不可分,便生成了想象的极限情形。

在无限细分的极限状态下,差分运算 Δ 变成了微分运算 d,子段长 Δx 变成了 $\mathrm{d}x$,差分

$$\Delta F(x_k) = F(x_k + \Delta x) - F(x_k)$$

变成了微分

$$dF(x) = F(x + dx) - F(x)$$

其中 dx 和 $dF(x)$ 都是无穷小量。

相应地,和分运算 $\sum$ 变成了积分运算 $\int$,和分 $\sum\limits_{k=1}^{n} f(x_k)\Delta x$ 变成了积分 $\int_a^b f(x)dx$ 。$\int_a^b f(x)dx$ 表示在无穷多个无穷小 $f(x)dx$ 累加求和。微分符号"d"和积分符号"$\int$"都是莱布尼茨设计的。

于是,离散态的差和分便类推到极限态的微积分,见下表。

有限细分(离散态)	无限细分(极限态)
和分 $\sum\limits_{k=1}^{n} f(x_k)\Delta x$	积分 $\int_a^b f(x)dx$
差分 $\Delta x, \Delta F(x_k)$	微分 $dx, dF(x)$
差和分 $\sum\limits_{k=1}^{n} \Delta F(x_k) = F(b) - F(a)$	微积分 $\int_a^b dF(x) = F(b) - F(a)$

从而类比有限细分的差和分基本定理(定理 2),有下列无限细分的微积分基本定理 3。

【定理 3】 如果有匹配条件成立即有微分关系式

$$f(x)dx = dF(x), \tag{2}$$

则积分

$$\int_a^b f(x)dx = F(b) - F(a) \tag{3}$$

这就是著名的微积分基本定理。

微积分基本定理是微积分学的本质特征,是微积分方法的精髓,在微积分学中占有极其重要的地位。人们之所以公认牛顿和莱布尼茨发明了微积分,决定性的因素是他们几乎同时率先导出了微积分基本定理。

然而人们也发现,他们二人殊途同归,是从不同方向走向微积分的。

如上所述,莱布尼茨确认微积分学的根源是差和分学,他从差和分基本定理(定理 2)类推出微积分基本定理(定理 3)。这种设计方案直截了当,一蹴而就,但带有浓重的主观猜测色彩。为保证这种方案确能真正实现,莱布尼茨又进一步完善了微积分学的逻辑体系并付诸实际应用。

我们看到,作为微积分基本定理的定理 3 刻画了一种因果关系,它包含有条件(因)与结论(果)两种成分:条件是匹配函数 $F(x)$ 成立微分关系式(2),结论是给定函数 $f(x)$ 的求积公式(3)。

这样,为了全面地演绎微积分基本定理,关键在于设计 $f(x)$ 的匹配函数 $F(x)$。

第3章　微积分运算的设计

3.1　从差分到微分

为了成就匹配条件(2)

$$f(x)\mathrm{d}x = \mathrm{d}F(x)$$

首先需要回答什么是微分。为此再考察差分的极限态。

在无限细分过程中,子段长 Δx 及函数的差分 $\Delta F(x)$ 无限地趋于 0,或者说,变为小于任意给定的正数 ε 的无穷小。**无限细分时差分的这种状态称为微分。**

对于给定函数 $F(x)$,如何设计其无穷小的微分 $\mathrm{d}F(x)$ 呢?

考察一个简单的例子 $F(x) = x^3$。

将差分 $\Delta F(x) = \Delta(x^3) = (x + \Delta x)^3 - x^3$ 按二项式展开有

$$\Delta(x^3) = 3x^2\Delta x + 3x(\Delta x)^2 + (\Delta x)^3$$

我们看到,差分展开式尽管形式复杂但有层次性,其中一阶项 $3x^2\Delta x$ 称**线性主部**,在无限细分过程中,其中的高阶项 $3x(\Delta x)^2$,$(\Delta x)^3$ 比线性主部更快地趋于 0。因此可以**仅保留线性主部而忽略高阶项**,这一事实称作当 Δx 趋于 $\mathrm{d}x$ 时 $\Delta(x^3)$ 趋于 $3x^2\mathrm{d}x$,用数学语言表示就是原差分展开式简化成了微分公式

$$\mathrm{d}x^3 = 3x^2\mathrm{d}x$$

仿此对于一般函数 $F(x)$,从其复杂的差分关系式 $\Delta F(x)$ 中分离出线性主部 $f(x)\Delta x$ 使之简化,即建立起微分法则:

$$\mathrm{d}F(x) = f(x)\mathrm{d}x$$

建立加减乘除四则运算的微分法则是容易的。比如对于两个函数的乘积 $u(x)v(x)$ 添加辅助项 $u(x+\Delta x)v(x)$，就有差分关系式

$$\Delta[u(x)v(x)]=u(x+\Delta x)v(x+\Delta x)-u(x)v(x)$$
$$=[u(x+\Delta x)v(x+\Delta x)-u(x+\Delta x)v(x)]$$
$$+[u(x+\Delta x)v(x)-u(x)v(x)]$$
$$=u(x+\Delta x)\Delta v(x)+v(x)\Delta u(x)$$

令差分 Δx 趋向无穷小 $\mathrm{d}x$，则上式简化成微分法则

$$\mathrm{d}[u(x)v(x)]=u(x)\mathrm{d}v(x)+v(x)\mathrm{d}u(x)$$

这一法则称作莱布尼茨法则，它是莱布尼茨最早建立的。

再考察三角函数。依据众所周知的三角公式

$$\Delta\sin x=\sin(x+\Delta x)-\sin x$$

$$=2\cos\left(x+\frac{\Delta x}{2}\right)\sin\frac{\Delta x}{2}$$

当 Δx 趋于无穷小 $\mathrm{d}x$ 时，$\cos\left(x+\dfrac{\Delta x}{2}\right)$ 趋于 $\cos x$；还可以证明，$\sin\Delta x$

和 $2\sin\dfrac{\Delta x}{2}$ 均趋于 $\mathrm{d}x$，从而差分展开式 $\Delta\sin x$ 简化成微化法则：

$$\mathrm{d}\sin x=\cos x\mathrm{d}x$$

类似地，有

$$\mathrm{d}\cos x=-\sin x\mathrm{d}x$$

微分法则的建立彰显了数学研究的一个根本宗旨:数学的目的走向简单。

总之，若函数 $F(x)$ 有如下形式的微分法则：

$$\mathrm{d}F(x)=f(x)\mathrm{d}x$$

则这样的函数 $F(x)$ 就可以充当给定函数 $f(x)$ 的匹配函数，从而解决了微积分基本定理中条件"因"的问题。

这样，由于匹配条件的实现，微积分学可以简单地说成一门用微

分求积分的学问,因此初期的微积分称"微分学",而莱布尼茨撰写的表白自己发明微积分初衷的论文是《微分学的历史与根源》。

3.2 导函数与原函数

微分 $dF(x)$ 是些捉摸不定的无穷小。无穷小是些怪异的小精灵,它们不为 0 但小于任何给定的正的小数。无穷小不便参与现实的有限量的计算。如何控制这些数学小精灵,将它们融入实际的科学计算呢?

数学真有点"神"。有些看起来极其平凡的东西,却在数学中扮演着极其重要的角色,甚至成为一些重要数学分支的生长点。

"比率"的概念就是这样!

中华上古先民在频繁的物物交换过程中,早就产生了这样的认识:彼此的等价交换可以同时放大或缩小若干倍,正是在这种朴素的思想中抽象出"比率"的概念和比例算法。中华古算中关于比率的研究堪称世界之最。

差分 $\Delta F(x)$ 与 Δx 的比率

$$\frac{\Delta F(x)}{\Delta x} = \frac{F(x+\Delta x) - F(x)}{\Delta x}$$

称**差商**,无限细分即 Δx 趋于零状态下**差商的极限值**

$$\frac{dF(x)}{dx} = \frac{F(x+dx) - F(x)}{dx}$$

称**变化率**,或称作导函数,简称**导数**,记为 $F'(x)$,即

$$F'(x) = \frac{dF(x)}{dx}。$$

尽管 $dF(x)$ 是无穷小,导数 $F'(x)$ 却是有限量,它们具有实际意义并可参与实际计算。

譬如,对于路程函数 $S(t)$,差商

$$\frac{\Delta S(t)}{\Delta t} = \frac{S(t+\Delta t) - S(t)}{\Delta t}$$

表示路程 $S(t)$ 在时间段 Δt 内所对应的平均速度,而导数

$$\frac{\mathrm{d}S(t)}{\mathrm{d}t} = S'(t)$$

则表示 $S(t)$ 在时刻 t 时相应的(瞬时)速度。

为了解决实际中的导数计算问题,有关文献与软件中收集了大量的导数公式,制成了导数表供人们方便地查阅。

由于导数 $F'(x)$ 的引进,微积分基本定理中的匹配条件

$$f(x)\mathrm{d}x = \mathrm{d}F(x)$$

可以改写成

$$f(x) = F'(x)$$

这一微分关系式刻画了函数 $f(x)$ 与 $F(x)$ 的对峙:$f(x)$ 称作 $F(x)$ 的导函数,而 $F(x)$ 则称作 $f(x)$ 的原函数。

正是由于导数与微分全部都从属于基本定理的匹配关系式:

$$f(x)\mathrm{d}x = \mathrm{d}F(x), \quad \text{即} \quad f(x) = \frac{\mathrm{d}F(x)}{\mathrm{d}x}$$

因此求导法则与微分法则是一回事,无须赘述。

在人类科技史上,微分法是一项破天荒的伟大成就,如果没有微分与导数的概念,就不能刻画一系列常用的物理量,就没有速度、加速度和密度之类的概念,也就没有现代科技,人类就无法揭示宇宙的奥秘……

3.3 定积分与不定积分

作为微积分基本定理的定理 3,前后分为条件"因"与结论"果"两部分。如前所述,条件的立足点是微分,然而结论的着眼点却是积分,

结论式(3)实际上是一个积分关系式

$$\int_a^b f(x)\mathrm{d}x = F(x)\Big|_a^b$$

考察这个积分关系式,其左端的积分是人们所熟知的,从古希腊的阿基米德算起,人们被这类积分整整折腾了两千年,直到发现了微积分基本定理,人们才明白积分 $\int_a^b f(x)\mathrm{d}x$ 只是原函数 $F(x)$ 首尾两个值 $F(b)$ 及 $F(a)$ 的偏差,而原函数 $F(x)$ 与端点 a、b 无关。

为区分这个积分关系式的左右两端,自然称与端点 a、b 密切相关的左端 $\int_a^b f(x)\mathrm{d}x$ 为定积分,而称与端点无关的右端的原函数 $F(x)$ 为不定积分,并记

$$F(x) = \int f(x)\mathrm{d}x$$

这样,依据前述匹配关系式 $f(x)\mathrm{d}x = \mathrm{d}F(x)$,有恒等式

$$\int \mathrm{d}F(x) = F(x)$$

因此,莱布尼茨说:"像乘方与开方,和分与差分,积分 $\int$ 与微分 d 是互逆的。"(文献[2])

因为求导与求积分是互逆的一对运算,利用求导法则可以建立起求积分法则,即设计出原函数 $F(x)$ 的生成法则。这样,前述求导公式可以改写成原函数 $F(x)$ 的计算公式,通常称之为积分表。积分表、导数表与微分法则,三者本质上是一回事。

总之,使用微积分方法的操作步骤可概述为:对于给定的被积函数 $f(x)$,查积分表获取原函数 $F(x)$,然后套用微积分基本定理求得积分

$$\int_a^b f(x)\mathrm{d}x = F(b) - F(a)$$

可见,微积分方法的发明确实使曲边图形面积计算这个千古难题变得更简单!

3.4　新体系的新特色

总览前文设计的微积分学体系,容易看出,它与传统的微积分学体系大相径庭。我们深信,这种设计方案体现了莱布尼茨的数学思想和创造才能。概括地说,新体系形成了如下三个特色。

一、抢占制高点

微积分基本定理浓缩了微积分学的精华,是微积分学的灵魂。新体系从差和分基本定理一蹴而就地类推出微积分基本定理,从而率先抢占了微积分学的这个制高点。

微积分基本定理的建立,完成了微积分学的顶层设计,然后可自顶向下逐步求精,最终实现预定的目标。

针对曲边梯形面积计算这个千古难题,从逐步细分的离散状态平稳过渡到无限细分的极限状态,这种基于数学直觉的类推策略是人们容易理解和接受的。舍此很难跨越横亘在有限的初等数学与无穷的高等数学之间的巨大鸿沟。

二、夯实立足点

微积分基本定理陈述了从微分到积分的因果关系,它表明**微分是微积分的立足点**。然而什么是微分? 微分又是从哪里来的呢?

顺应微积分基本定理的推理过程,微分来源于差分。**微分运算的引进从数学运算上实现了从有限到无穷的跨越。**

数学的目的是追求简单。为简化微分运算的设计,莱布尼茨舍弃高阶无穷小而仅仅保留线性主部的一阶无穷小,这就生成了微分法则。

然而无穷小是个数学上的小精灵,它不为 0 但无限地接近于 0,因而逻辑上难以刻画,计算中难以实现。

为夯实微分这个立足点,微积分学运用传统的比率策略引进微分的比率 $\mathrm{d}F(x)/\mathrm{d}x$,即所谓导数的概念。导数是重要的,尽管求导法则和微分法则本质上是一回事,但导数有鲜明的几何解释和物理意义。

不过,尽管导数很重要,但它在微分学中却是来源于微分与差分。如果试图从导数的含义中剥离出微分的概念,那就有点喧宾夺主、本末倒置了。

三、反观着眼点

微积分学的着眼点是求积分。

按照微积分基本定理所表述的微分与积分的因果关系,立足于微分法则设计求积分法则就是不成问题了。人们依据微分表、导数表可立即生成积分表用于实际计算,从而实现了从微分学到积分学的跨越。

依据微积分基本定理,所求积分值等于原函数两端函数值之差,因此积分学本质上是被积函数与原函数的关系,因而所建立的积分表可以撇开求积区间而更具有普适性,这就有了定积分与不定积分的区分。

总而言之,上述三个特色背靠着新体系建立的三个步骤:

第 1 步,从差和分基本定理类推出微积分基本定理,**抢占了微积分学的制高点**。

第 2 步,从离散状态的差分化简成极限状态的微分,并运用比率技术引进导数运算,导数有实用背景且便于实际计算,**从而夯实了微**

积分学的立足点。

第 3 步,依据微分与积分的因果关系直接由微分学的"因"导出积分学的"果",从而完成了微积分学的设计。

因此,莱布尼茨体系的微积分具有极度的数学美。

第4章　微积分的思维方式

莱布尼茨的伟大才智和古老的中华文明有着密切的联系。

一百多年前,日本早稻田大学教授五来欣造曾游历英、法、德诸国,潜心研究东方儒教对欧洲的政治影响。他亲赴德国研究莱布尼茨的札记,从而**发现了东西方两大文明传播碰撞的脉络和经纬。**

本章莱布尼茨的有关论述引自五来欣造的专著(文献[3])。

4.1　最古老的科学丰碑

莱布尼茨盛赞悠久的中华文明,他在一本著作的序言中,提倡东西方应密切接触和交流,他认为,"全人类最伟大的文明与文化,现已集合在欧亚大陆的两个极端,即欧洲与东方海岸的中国"。(文献[3],256 页)

莱布尼茨对中华民族怀有特别的好感,并给予崇高的评价,他曾赞扬说:

"现在如有一圣人欲选择一个优秀民族加以奖励,那么,他的金苹果的赐予一定会落在中国人的身上。"(文献[3],261 页)

莱布尼茨曾在给友人的一封信中无比激动地说:

"我居然发现了从未使用过的计算方法,这新方法对一切发人深省的数学都放射着异常的光彩,并且借此方法的帮助,对人类所难理解的学问也极有贡献。我们试从各种材料加以考察。"

随后他特别强调地指出:

"我们知道古代的伏羲把握着此方法的宝钥。"(文献[3],269 页)

莱布尼茨以基督教徒的虔诚无比崇敬地说:

"伏羲这伟人是显示了物的创造者之神。"

"伏羲易图是这位哲学君主的伟大图形……这些图形是世界上最古老的科学丰碑。"（文献[3],270 页）

莱布尼茨的这些论述是令人难以理解的。伏羲是远古的一位中华人文先祖,传说距今已有六七千年。不过莱布尼茨深信,以伏羲命名的中华易学,至今对科学进步仍有深刻的启迪和指导意义。

4.2　当微积分遇到了中华易学

在东方文化的沃土上,有一片片神秘哲学的原野。神秘的东西中最神秘的莫过于阴阳八卦。阐述阴阳八卦机理的《周易》被推崇为中华"六经之首,三玄之冠","世界上第一号天书"。易学被认为博大精深,能"透视万物,揭示万理",是"大道之源"。易学能用来开启微积分学这个迷宫吗?

一、易学的阴阳观

易学的立足点是阴阳观,按照《周易·系辞》的说法:"一阴一阳之谓道"。

浩瀚宇宙,大千世界,万事万物的属性各式各样,但它们的基本属性可分为阴和阳:万数不外一偶一奇;万性不外一雌一雄;万态不外一静一动;万质不外一柔一刚;万情不外一虚一实;万象不外一显一隐;……

这种阴阳观与莱布尼茨的宇宙观不谋而合。前已指出,莱布尼茨在设计微积分方法时特别强调:

"像乘方与开方、和分与差分、积分与微分是互逆的。"

这就是说,莱布尼茨认识到,差分与和分以及微分与积分都是互逆的,都是矛盾体对立的双方,即互为阴阳。

正是立足于微分与积分是互逆的这个基础上,莱布尼茨又悟出了它们的原型是差分与和分,并由差分与和分的互逆性成就了差和分学这个微积分学的**开源算法**。

二、易学的太极思维

事物的阴阳属性具有"分"(相互排斥)与"合"(彼此吸引)两种对立的倾向。易学既承认阴阳的对峙,"非此即彼",同时又承认阴阳的合和,"相反相成"。这就是说,一方面强调"刚柔相推而生变化",即阴阳二分是事物变化的根本原因;另一方面又认为阴阳合和是事物发展的最佳状态,提倡"保合太和"。

"分"与"合"是阴阳演化的基本方式,这就是易学的**太极思维**。

正是由于差分与和分是互逆的,它们既相互对立又相互促成,差分的和分合成的差和分使和分计算得到了彻底的简化,这就是差和分基本原理,据此可类推出微积分基本定理。

微分与积分的可逆性保证了基本定理的合理性,而将差分进一步化简成微分则促成了基本定理的可行性,伟大的莱布尼茨就这样发明了微积分,如图 9 所示:

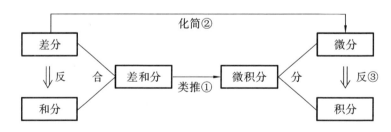

图 9 莱布尼茨的微积分体系路线图

三、莱布尼茨体系放异彩

早在 1800 年前,"东方数学之神"刘徽在《九章算术注·原序》中启示后人：

"观阴阳之割裂,总算术之根源。"

莱布尼茨体系的微积分正是在"阴阳割裂"中铸就而成的一件数学瑰宝。

数学语言称阴阳是互逆的,由于和与差是互逆的,和分与差分是互逆的,因此积分与微分也是互逆的,由差和分类推导微积分,据微分学导出积分学,这便是莱布尼茨的微积分体系的全貌。

我们看到,被人们认为无比错综复杂的微积分学体系,运用太极思维进行剖析清理,如图 9 所示的那样,这一体系结构竟是如此的单纯,如此的对称,如此的和谐统一,呈现出一幅美妙的数学图景。构思出这一系统的思维方式,才是微积分学的精华。学习微积分,首先要效法、传承莱布尼茨这方面的伟大才智,去创造发明适应时代要求的新的数学精品。

结语　不畏浮云遮望眼

一、数学教育追求真善美

数学来源于生活,来源于实践。数学知识射耀着真理的光辉,它真实地表现着大自然的客观规律。

另一方面,数学又是人的思维虚构的产物,在这个意义上它又是一种艺术创造。美的追求是数学家们的不竭动力。"美"是"真"的反光。数学家们信心满满地宣称:

让我们先来关心"美"吧,至于"真"用不着我们操心。

宇宙是高度数学化的。

伟大的牛顿集成了前人探索宇宙规律的大量知识,通过逻辑演绎成就了微积分体系。这是**科学的微积分,是"真"的微积分**。

与牛顿不同,莱布尼茨的微积分体系主要是通过个人的主观意识思维而成的,在这个意义上它是**艺术的微积分,是"美"的微积分**。

简单地说,牛顿体系的微积分是物理的微积分,而莱布尼茨体系的微积分是哲理的微积分。

"真"的和"美"的微积分体系几乎同时问世,这是人类数学思想史上一个伟大的奇迹。

二、什么是"善"的微积分教育体系

"善"的教育体系有两项基本要求:所讲的原理要容易理解,所讲的方法要容易掌握。

前文已多次说过,微积分学的内涵包括微分、积分和微积分基本定理三个成分,三者的联系可用一个成语"相反相成"来概括,即一方面,微分和积分是相互对立的一对数学元素,另一方面两者又和谐地统一在微积分基本定理之中,因此微积分学的原理是直白而清纯的,正如莱布尼茨体系所显示的那样。

然而反观今日的微积分原理的教学,似乎有些被人为地歪曲了。

其一,顾名思义,微积分学的本意是阐述微分与积分的辩证关系,直截了当地说,是试图根据微分的观念破解积分计算这个难题。在微积分学中,微分和积分是矛盾的双方,且微分是矛盾的主导方面。微分是微积分学的本原,即最原始、最基本的观念。试图用导数(即牛顿所谓"流数")的概念中剥离出微分的观念,看来是本末倒置了。

其二,如上所述,微积分的本意是刻画微分和积分的因果关系,即从微分的"因"导出积分的"果",这就是微积分的基本定理。基本定理是微积分的精髓和灵魂,它是一种厚重的文化观念,而不应简单看作是一个命题、一点知识。试图用逻辑推理方法演绎出基本定理,只是"水中捞月"般的幻想。

其三,如果肤浅地处理基本定理,必然会导致微积分教学的效率低下。尽管微积分课程耗费了许多学时,完成了大量的习题,但却似"雾里看花",对微积分学的真谛看不透彻,在此后日常的具体工作中也难以施展微积分方法的威力。

总之,讲解微积分学的原理,不应忽视莱布尼茨的微积分学体系。

三、立足中华文明考察微积分

从 17 世纪中期牛顿,莱布尼茨算起,绵延三百多年,历经无数数学大师的辛勤堆积,微积分学这门学科,如今犹如一座巍峨的大山横亘在人们面前。怎样认识和理解微积分,见仁见智,众说纷纭。

北宋大文豪苏东坡的诗《题西林壁》很有哲理:

> **横看成岭侧成峰,远近高低各不同。**
> **不识庐山真面目,只缘身在此山中。**

人们在治学过程中常有一种反常现象,对某一事物越关注,接触得越多,反而越被一些现象所迷惑,越看不清事物的本质。

我中华民族有五千多年悠久历史,中华文明博大精深,源远流长。**本书试图站在千年中华文明的高度,基于两千年前伟大刘徽的割圆术,俯视微积分这座百年大山,探索它的内涵和精髓。**

中华文化的易理是"和"文化。中国人有句人人尽知的口头禅:阴阳和,万物生。

莱布尼茨的微积分学体系完美地诠释了这种"和文化"。由于和分与差分是一对阴阳,阴阳和的差和分破解了和分计算的难题。进而,由于积分是极限状态的和分,微分是极限的差分,所以微分与积分是一对阴阳,而作为微分与积分阴阳和的微积分基本定理成就了微积分学的创立。

可见,微积分学的基本原理是直白而清朗的,其中没有一丝一毫的玄妙与隐晦。这种境界正如北宋改革宗师王安石在《登飞来峰》一诗中所说的那样:

> **不畏浮云遮望眼,自缘身在最高层。**

下卷 从刘徽加速到演化数学

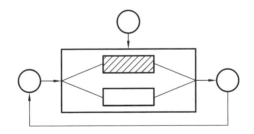

引言　演化数学的思维方式

莱布尼茨不可思议的"新发现"

在人类历史上,莱布尼茨是一个应该大书特书的伟人,他几乎在同一时期内成就了数学史上两项划时代的伟大功勋。

早在 1693 年,他率先发表论文,清晰地阐明了微分和积分的互逆关系,从而成就了所谓微积分基本定理,宣告了微积分的诞生。

事隔十年之后的 1703 年,莱布尼茨又在法国科学院发表论文提出二进制算术,进一步为今日的计算机数学奠定了理论基础。

就这样在短短的十年时光内,莱布尼茨竟然实现了从初等数学到高等数学,继而从经典数学到现代数学的历史性跨越。这是人类文明史上一项了不起的奇迹。

究其缘由,一个重要因素是由于莱布尼茨站在西方文明的立场上,主动地、积极地、满腔热情地汲取古老的中华文明的精髓。在某种意义上,莱布尼茨的伟大成就是中西两大文明相互结识、相互碰撞、彼此交融的结果。

令人感兴趣的是,在接连发现微积分和二进制前后,莱布尼茨声称自己发现了一种不可思议的新方法,他无比激动地说(文献[3],269):

"我居然发现了从未使用过的计算方法,这新方法对一切发人深省的数学都放射着异常的光彩,并且借此方法的帮助,对人类所难理解的学问也极有贡献。我们试从各种材料加以考察。我们知道,古代的伏羲把握着此方法的宝钥。"

人们自然迫切地期望了解莱布尼茨新方法的内涵和应用案例,遗憾的是笔者至今未能找到相关文献和资料。也可能因为莱布尼茨当时工作繁忙没有进行这方面的深入研究。譬如微积分发明权之争一直纠缠着他,直到他逝世前两年,他仍撰写论文申诉自己发明微积分的思想根源,希望得到人们的理解。说来非常奇怪,尽管世人不得不承认莱布尼茨确实独立地发明了微积分,但他发明微积分的思想路线却一直不为人们普遍关注,这种反常现象竟然一直延续到三百多年后的今天!本书中卷已陈述过这个事实。

特别引人注目的是,莱布尼茨明确指出"伏羲把握着新方法宝钥",即指明"新方法"的思维方式是"伏羲宝钥"。

伏羲宝钥的演化生成

莱布尼茨所说的作为"新方法"思维方式的"伏羲宝钥"无疑是指中华传统文化的易学。

前已介绍过易学的阴阳观。中华易学认为,世上一切事物都含有阴阳属性,而阴阳属性又具有"分"(相互排斥)和"合"(彼此吸引)两种对立的倾向。也就是说,易学一方面重视阴阳的二分是事物变化的根源和动力,同时强调阴阳的合和是事物发展的最佳趋势。

由于世间万事万物都是一分为二的,任何事物都具有阴和阳两种属性,而阴和阳又可以再分为阴和阳,如此反复地二分下去。这种演化过程可用如下**伏羲易图**来刻画。需要指出的是,图1只画了三层,不过"三"意味着"多",这张易图可以延伸到任意多层。

表面上看,伏羲易图的绘制似乎只施行了"分"的手续,其实,"合"与"分"两种手续如影随形,密不可分。这一事实不难理解,在易图绘

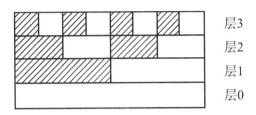

图 1　伏羲易图的演化生成

制的每一步,二分生成的阴阳被有序地合成在同一层中,因而易图整体上是对称而和谐统一的,具有极度的数学美。

易理的二分演化机制

归根结底,易图演化生成的每一步遵循着同样的规则,先依分裂手续将原状态分裂成阴阳两种成分,然后再施行合成手续将阴阳两种成分合成为新的状态,如此不断地重复下去,这就是易理的二分演化机制,如图 2 所示。

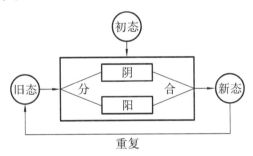

图 2　易理的二分演化机制

《周易·系辞》精辟地指出:

"一阖一辟谓之变,往来不穷谓之通。"

这段文字是二分演化机制最为精彩的诠释。一辟一阖是一分一合的意思,经过"分"(一分为二)和"合"(合二为一)两种加工手续,将事物从一种状态变为一种新的状态,如此循环,往复不断地演化下去。因此,易理可概述为"阴阳和,万物生"。

易理的二分演化机制是个寓意深邃的思想方法,依据二分演化机制可以设计出一系列新方法。**我们统称这类方法为"演化数学",图 3 是演化数学的示意图。**毋庸讳言,尽管演化数学简易且高效,但含有怪异玄奥的意味,植根于阴阳八卦的演化数学可能是某些学者所难以接受的。

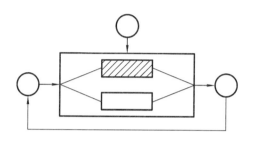

图 3　演化数学的示意图

本卷将遵从莱布尼茨的指示,运用伏羲宝钥设计一系列演化数学的"新方法",这些方法的前瞻性和创新特色是人们所难以想象的。

第1章　逼近加速"重差术"

前文中卷第1章介绍了刘徽割圆术。我们看到,割圆的每一步都是二分手续,所得出的内接多边形是逐步倍增的,因而割圆术计算属于演化数学的范畴。

众所周知,圆是一类简单的曲边图形,它有一个数学不变量圆周率 π:

$$\pi = \frac{圆面积}{半径^2} = \frac{圆周长的一半}{半径}$$

因此关于圆面积的讨论也就是计算圆周率。割圆术的直接目标是提供高精度的圆周率。

公元前3世纪,古希腊阿基米德用穷竭法割到圆的内接与外切正96边形,获得圆周率 π=3.14,这项成就开创了圆周率科学计算的新纪元。

更高精度的圆周率是诱人的。那么,阿基米德为什么割到正96边形就终止计算了呢? 他为什么不再继续割下去?

这个问题的答案很简单,实际计算就会明白,在倍增割圆过程中,每一步都要耗费相当大的计算量(对于古人来说,这种计算量是相当大的),而且,少数几次倍增割圆对改善精度意义不大。面对这个现实,阿基米德终止于正96边形得出圆周率3.14,这种做法是明智的。

1.1　"一飞冲天"的刘徽神算

虽然阿基米德割圆到正96边形得出圆周率3.14,但是刘徽却对上述结果不满意。他取圆半径 r=10寸(即1尺)进行计算,发现正96

边形二分割圆前后的两个结果：

$$S_{96}=313\frac{584}{625}, \quad S_{192}=314\frac{64}{625}$$

它们都近似于 $\pi=3.14$，显然太粗糙了。面对这种情况，刘徽突发奇想：在几乎不耗费计算量的前提下，能否通过某种简单的加工手续，将两个粗糙的近似值 S_{96}, S_{192} 加工成高精度的结果呢？

又想化粗为精，又不愿耗费计算量，这似乎有点异想天开。

割圆术中出现了这样的奇迹，刘徽突然"发力"，他将偏差值

$$\Delta=S_{192}-S_{96}=\frac{105}{625}$$

乘以校正因子 $\omega=\frac{36}{105}$ 作为 S_{192} 的校正量，得出了高精度的近似值：

$$\hat{S}=S_{192}+\frac{36}{105}(S_{192}-S_{96})$$

$$=314\frac{64}{625}+\frac{36}{105}\left(314\frac{64}{625}-313\frac{584}{625}\right)$$

$$=314\frac{4}{25}$$

刘徽指出，这样加工的结果 $314\frac{4}{25}$ 相当于正 3072 边形的面积。

$S_{3072}=314\frac{4}{25}$ 相当于圆周率 $\pi=3.1416$，比 $\pi=3.14$ 一下子提高了两个数量级。真是一飞冲天！

这个案例可称为"刘徽神算"。

刘徽神算化粗为精的加工效果太神奇了。它的设计机理已大大地超出了人们想象力，因而虽历经千年，至今仍未获得人们普遍的理解和接纳，而一直被禁锢在数学古籍之中。

一、刘徽神算的设计机理

我们看到,尽管二分割圆生成的多边形面积 S_n 逼近圆面积 S^*,但逼近过程收敛缓慢,为了获得高精度的圆周率,所要耗费的计算量可能变得很大。譬如,需要割到正 24576 边形,才能得出祖冲之的"密率"3.1415926。在古代用算筹这类简单的计算工具,实现如此浩大的计算工程几乎是不可能的。

面对这个现实,刘徽独具慧眼地提出了这样一个挑战性的课题:设法将已经获得的数据进行"再加工",希望以尽量少的计算量为代价获得高精度的结果。

刘徽用一个具体的算式

$$\hat{S} = S_{192} + \frac{36}{105}(S_{192} - S_{96})$$
$$\approx S_{3072} \tag{1}$$

演示了这种设计方案的可行性。

被称为"刘徽神算"的这个数学案例,实际上表达了一种数据精加工方法。推广刘徽神算,自然可提出下述精加工技术:

设法寻求某个校正因子 ω,将偏差 $\Delta_n = S_{2n} - S_n$ 的 ω 倍作为数据 S_{2n} 的校正量,而使校正值

$$\hat{S} = S_{2n} + \omega(S_{2n} - S_n) \tag{2}$$

较 S_n 和 S_{2n} 具有更高的精度。

再换一个视角考察上述数据精加工公式(2)。针对无穷逼近过程 $\{S_n\}$,能否设计出更快收敛的逼近过程 $\{\hat{S}_n\}$ 呢? 这就是**逼近加速**问题。

欲使精加工公式(2)成为逼近加速公式,其中的校正因子 ω 应当

是驾驭逼近过程的某个数学不变量,即是与逼近过程相关的某个普适常数。这样普适常数存在吗?

二、偏差比中传出好"消息"

刘徽对比率有深刻研究,他指出,比率的本意是相关量的比例关系。

在二分割圆过程中,刘徽特别关注偏差 $\Delta_n = S_{2n} - S_n$ 这个数学量,他自然会考察偏差比即重差(参看中卷结语)

$$\delta_n = \Delta_n / \Delta_{2n}$$

的变化趋势。刘徽的割圆计算实际上可以列出下列数据(见表 1):

表 1 割圆计算过程中的偏差比

n	S_n	Δ_n	δ_n
12	300	$10\frac{364}{625}$	3.95
24	$310\frac{364}{625}$	$2\frac{425}{625}$	3.99
48	$313\frac{164}{625}$	$\frac{420}{625}$	4.00
96	$313\frac{584}{625}$	$\frac{105}{625}$	
192	$314\frac{64}{625}$		

从这些数据中能获得什么样的信息呢?无需进行理论分析,直接观察表 1 即可发现,偏差比 δ_n 几乎为定数 4。

刘徽由此发现了一个奇妙的事实:表面上杂乱无章的数据 S_n 中竟潜藏着极其鲜明的规律性,即其偏差比近似等于定数 4。

三、只要做一次"俯冲"

偏差比几乎是个定值,基于这个奇妙的规律,分析误差只是一蹴而就的事,据此只要做一次"俯冲"便能捕捉到所要的精加工公式。

事实上,由于在割圆计算过程中偏差比近似等于 4,从而得出一系列近似关系式。设 N 是某个远大于 n 的正整数,则有

$$S_{2n}-S_n \approx 4(S_{4n}-S_{2n})$$
$$S_{4n}-S_{2n} \approx 4(S_{8n}-S_{4n})$$
$$S_{8n}-S_{4n} \approx 4(S_{16n}-S_{8n})$$
$$\vdots$$
$$S_{2N}-S_N \approx 4(S_{4N}-S_{2N})$$

将上面式子累加在一起,其中间项相互抵消,得

$$S_{2N}-S_n \approx 4(S_{4N}-S_{2n})$$

这样,若取 S_{4N} 和 S_{2N} 作为 S_{2n} 的校正值 $\hat{S}$,则有精加工公式

$$\hat{S}-S_n \approx 4(\hat{S}-S_{2n})$$

从而有

$$\hat{S}=S_{2n}+\frac{1}{3}(S_{2n}-S_n) \tag{3}$$

这就是说,为使式(2)真正成为精加工公式(3),应取校正因子

$$\omega=\frac{1}{3}$$

1.2　祖冲之"缀术"之谜

一、差之毫厘,失之千里

加速因子究竟怎样选取才算合适呢? 循着刘徽割圆术的思路,精

确地计算直到正 3072 边形的面积,选取校正因子 $\omega = \dfrac{1}{3}$ 再按式(3)计算,计算结果列于表 2 中。表中括弧〈〉标明数据准确到小数点后第几位。π 的真值为 3.1415926535⋯。

表 2　二分割圆的精确计算

n	S_n	$\hat{S}_n$
12	3.000 000 000 〈0〉	
24	3.105 828 541 〈1〉	3.141 104 722 〈3〉
48	3.132 628 613 〈1〉	3.141 561 791 〈4〉
96	3.139 350 203 〈1〉	3.141 590 733 〈5〉
192	3.141 031 951 〈3〉	3.141 592 534 〈6〉
384	3.141 452 472 〈3〉	3.141 592 646 〈7〉
768	3.141 557 608 〈4〉	3.141 592 653 〈8〉
1536	3.141 583 892 〈4〉	3.141 592 654 〈8〉
3072	3.141 590 463 〈5〉	3.141 592 654 〈8〉

在割圆计算中,刘徽已获知直到正 3072 边形的数据。表 2 中数据显示,利用这些数据按照校正公式(3)进行精加工,即可获得祖冲之的"密率"3.14159265。

由此可见,刘徽神算算式(1)的设计思想极为深刻,只是由于刘徽追求计算公式的简洁,将校正因子 $\omega = \dfrac{1}{3} = \dfrac{35}{105}$ 改成了高度近似值 $\omega = \dfrac{36}{105}$,结果差之毫厘,失之千里,把一项千年称雄的数学成就留给了两百年后的祖冲之。

二、"缀术"词语考证

祖冲之是公元 5 世纪南北朝数学家,较魏晋刘徽晚了近两百年。

祖冲之在数学方面的重大成就,当首推关于圆周率的计算。据《隋书·律历志》记载:

"宋末,南徐州从事史祖冲之更开密法,以圆径一亿为一丈,圆周盈数三丈一尺四寸一分五厘九毫二秒七忽,朒数三丈一尺四寸一分五厘九毫二秒六忽,正数在盈朒二限之间。"

这就是说,祖冲之定出了圆周率的取值范围

$$3.1415926 < \pi < 3.1415927$$

此后一直到 15 世纪,再也没有出现比这更好的结果。这项辉煌的数学成就,在千年漫长岁月中一直处于世界领先的地位。

祖冲之的 π 值究竟是怎样求出来的呢? 据考证,祖冲之的算法载于他的《缀术》一书中。

祖冲之称他的计算技术为"缀术"。据史书反映,缀术"时人称之精妙",赞扬它"指要精密,算氏之最"。《隋书·律历志》说,祖冲之所著之书名《缀术》,"学官莫能究其深奥"。据说唐代指定《缀术》一书为朝廷钦定的数学教材。

"缀术"是什么?

祖冲之的原著《缀术》已失传千年,无从考证,人们能否仅从"缀术"一词还原其"真面目"呢?

翻开汉语词典,汉字"缀"的一个含义是"缀补",即修补和校正,在这个意义上,"缀术"亦可理解为校正技术。

前文明确指出,刘徽的精加工技术正是这种校正技术,而且表 2

表明,利用刘徽已获得的3072边形就能得出祖冲之的结果。也许,据此可以断定,祖冲之的"缀术"正是继承了刘徽的割圆术,归纳总结出来的。

我们深信,祖冲之将自己的算法设计技术命名为"缀术",其主要目的试图向世人表白:自己的数学成就,只是前人特别是刘徽的研究工作的缀补和修正。因此"缀术"实质上只是《九章算术》刘徽注的祖冲之注。

1.3 刘徽的逼近加速技术

美籍华人数学家项武义在所著《微积分大意》一书中生动地指出:

"俗语常常用'程咬金三斧头'来笑话一个人招式的贫乏,那么微积分可就只有'逼近法'这一斧头了。可是逼近法这一斧头却是无往不利、无坚不摧的。"

项武义先生这里强调微积分方法的威力在于逼近法。不过他的说法过于简单。人们知道,逼近过程究竟是否有用,还取决它的收敛速度,一个收敛缓慢的逼近过程是没有实用价值的。

因此,逼近过程能否加速往往决定着逼近方法的命运。

然而,我们面对的一个严峻的现状是,尽管微积分方法本质上是逼近法,但微积分方法自身并未提供有效的逼近加速技术。现今工程技术界广泛应用的外推加速方法依赖于所谓余项展开式,而推导余项展开式往往相当困难甚至是不可能的。时至今日,这依然是一项世界性的数学难题。

令人不可思议的是,早在1800年前刘徽早就提出了一种普适的逼近加速技术,所谓偏差比加速技术,即"重差术"。在割圆术中,刘徽神算展示了这种加速技术的风采。重差术撇开了余项展开式的数学推导,而代之以偏差的数据分析。偏差是计算过程的中间数据,它们取之即来,不费吹灰之力。

在《九章算术注·自序》的末尾，刘徽在总结自己的治学方法时，强调"触类而长之，则虽幽遐诡伏，靡所不入。"他告诫人们做学问要善于举一反三，触类旁通，这样尽管问题曲折隐晦，也总能迎刃而解。

现在将玄妙的刘徽神算推广成下列效果奇特的逼近加速重差术。问题的提法是：

考察某个收敛的逼近数列$\{x_n\}$，我们希望设计某种校正公式，将已经获得的逼近数据x_n加工成校正值$\hat{x}_n$，而使后者具有较高的精度。

前已看到，对于刘徽神算，由于重差即偏差比$\dfrac{S_{2n}-S_n}{S_{4n}-S_{2n}}$几乎为定值4，所以校正公式应设计为

$$\hat{S}_n = S_{2n} + \frac{1}{3}(S_{2n}-S_n)$$

类比刘徽神算，可立即归纳出下述逼近加速重差术：

【定理1】　如果逼近过程$\{x_n\}$收敛，且重差即偏差比几乎为定值λ，即

$$\frac{x_{n+1}-x_n}{x_{n+2}-x_{n+1}} \approx \lambda$$

则有校正公式

$$\hat{x}_n = x_{n+1} + \omega(x_{n+1}-x_n)$$

式中，校正因子

$$\omega = \frac{1}{\lambda-1}$$

1.4　混沌计算的加速算法

前述重差加速技术可广泛应用于科学与工程计算。下面以混沌学中倍周期分叉计算为例说明这种技术的现实意义。

一、倍周期分叉过程

我们知道,"混沌"的原意是极端的混乱与无序。那么,在一片"混乱"的混沌中是否潜藏着某种秩序呢? 美国学者 M. J. Feigenbaum 经过艰苦的探索,发现任何混沌现象都具有相同的"趋向速度"——Feigenbaum 常数。

考察一个简单的迭代过程

$$x_{n+1} = \lambda x_n (1 - x_n)$$

实际计算发现,当 $\lambda > 3$ 时会发生一系列异常现象,如图 4 所示,即存在关于 λ 的某个数列 $\{\lambda_k\}$。当 $\lambda_1 < \lambda < \lambda_2$ 时,迭代终值在两个点 ξ_1, ξ_2 之间跳动,这两个点称为 2 **周期点**。又当 $\lambda_2 < \lambda < \lambda_3$ 时,迭代终值在 4 个点之间跳动,称之为 4 **周期点**,等等。这一过程通常称作**倍周期分叉过程**。

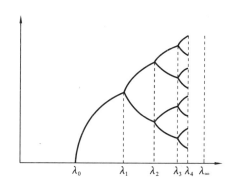

图 4　倍周期分叉过程

一般地,当 $\lambda_{k-1} < \lambda \leqslant \lambda_k$ 时,迭代终值为 2^{k-1} 周期点 $\xi_1, \xi_2, \cdots,$ $\xi_{2^{k-1}}$,它们满足一个含有 $2^{k-1} + 1$ 个变元 $\lambda_k, \xi_1, \xi_2, \cdots, \xi_{2^{k-1}}$ 的非线性方程组,当 k 增大时,求解上述方程组的计算量急剧增大。Feigenbaum 运用当时最先进的超级计算机,经过艰苦的计算获得一系列 λ_k 值。表 3 列出了一些 λ_k 的值,它们明显地收敛到某个定值 λ_∞。当 λ 达到

λ_∞后,周期性消失,混沌便出现了。

表3　倍周期分叉过程中参数 λ_k 的值

k	λ_k	$\lambda_k-\lambda_{k-1}$	δ_k
1	3.000 000 000 0		
		0.449 489 742 8	
2	3.449 489 742 8		4.751 4
		0.094 600 607 8	
3	3.544 090 350 6		4.656 2
		0.020 316 915 5	
4	3.564 407 266 1		4.668 2
		0.004 352 155 3	
5	3.568 759 419 6		4.668 7
		0.000 932 190 2	
6	3.569 691 609 8		4.669 1
		0.000 199 649 4	
7	3.569 891 259 4		4.669 2
		0.000 042 759 0	
8	3.569 934 018 4		

二、Feigenbaum 常数

下面运用刘徽"割圆术"的处理方法考察倍周期分叉计算。为此,计算偏差 $\lambda_k-\lambda_{k-1}$ 及偏差比

$$\delta_k=\frac{\lambda_k-\lambda_{k-1}}{\lambda_{k+1}-\lambda_k}$$

这些值列于表3中。通过计算可以发现,同前面圆周率的计算类似,这里偏差比 δ_k 也趋于某个定值 δ。

实际上,这个值

$$\delta = 4.6692\cdots$$

就是著名的 Feigenbaum 常数。

Feigenbaum 常数的发现具有极其重要的意义。正是在乱七八糟的混沌数据中存在着这类规律性,才使混沌学在学科体系中真正地确立了自己的地位。

三、倍周期分叉过程的重差加速

再回到倍周期分叉的计算上来。既然数列 $\{\lambda_k\}$ 有几乎为定值 δ 的偏差比,那么它的加速公式便水到渠成了。

设按表 3 的计算结果,简单地取 $\delta = 4.6692$,则按上一节重差加速法则的定理 1 有校正公式

$$\hat{\lambda}_k = \lambda_{k+1} + \frac{1}{3.6692}(\lambda_{k+1} - \lambda_k)$$

加工结果列于表 4 中,数据尾部仍标明精确到小数点后第几位。

表 4　倍周期分叉计算的重差加速

k	λ_k	$\hat{\lambda}_k$
1	3.000 000 000 0 $\langle 0 \rangle$	3.571 993 214 $\langle 1 \rangle$
2	3.449 489 742 8 $\langle 0 \rangle$	3.569 872 702 $\langle 3 \rangle$
3	3.544 090 350 6 $\langle 1 \rangle$	3.569 944 417 $\langle 5 \rangle$
4	3.564 407 266 1 $\langle 2 \rangle$	3.569 945 550 $\langle 6 \rangle$
5	3.568 759 419 6 $\langle 2 \rangle$	3.569 945 667 $\langle 8 \rangle$
6	3.569 691 609 8 $\langle 3 \rangle$	3.569 945 671 $\langle 8 \rangle$
7	3.569 891 259 4 $\langle 3 \rangle$	3.569 945 671 $\langle 8 \rangle$
8	3.569 934 018 4 $\langle 4 \rangle$	

我们看到,这里仅仅用了几个相当粗糙的数据做了几次加减乘除,所加工得出的结果

$$\hat{\lambda} = 3.569945671$$

与准确值

$$\lambda_{\infty} = 3.569945672\cdots$$

竟是高度吻合的。

由于条件限制,我们没有用超级计算机进行这项数值实验。可以想象,在超级计算机上要直接获得这一结果将会耗费许多机时。然而重差加速方法只要做几次加减乘除,计算量几乎可以忽略不计。表 4 的计算结果实际上是运用计算器人工手算得出的。

这个算例说明,如果设计的算法高明,人工手算的速度甚至可能快过超级计算机。

第 2 章　大数据的生成与描述

2.1　大自然的演化方式

世间万物生生不息。生物的繁衍是个不断演化的无穷过程。

如果用显微镜观察随意取自江河湖泊中的一杯水,人们会发现有许许多多微小生物在水中浮游。这是一些单细胞的**原生动物**。它们**是地球上最原始的生物,出现在 10 多亿年以前。原生动物的数量如此巨大,它们充满了地球上大大小小的自然水域。**

这么多的原生动物是怎样繁衍出来的呢?

原生动物很特别,它们采取二分裂变的繁衍方式:一个母体分裂成两个子体,每个子体进一步分裂成下一代的两个子体,如此不断地二分下去,一生二,二生四,四生八……原生动物的这种繁衍过程表现为人们熟知的二叉树形式。

原生动物繁衍得很快,一天能繁衍 2 至 6 代,如此快速地繁衍,将会产生什么样的后果呢?

假设某种原生动物一天能繁衍 4 代,而且它们的后代个个都能存活,那么一个月后其后代总数约为 $2^{30 \times 4}$ 个。又设每个后代仅重 1 mg,那么,一个原生动物仅一个月所繁衍出的后代的总重量将会超过整个地球的重量。不信你算算看。

当然,事实上并没有出现这种"灾难"。究其原因,是由于大量的原生动物被自然淘汰了。这些低等生物处于地球生物链的最末端,它们作为食物直接或间接地供养着地球上的众多生物。

如此二分裂变的事例还有很多,诸如细胞的分裂、原子核的裂变、信息量的剧增以及病毒(包括计算机病毒)的传播等,很多事物的繁衍往往采取这种逐步倍增的增长方式。这是大自然中常见的一种演化方式。

如上所述,在二分裂变过程中,人们面对两个数列:一个是记录**演化步数的自然数列**

$$k = 0, 1, 2, 3, \cdots$$

一个是得出**演化结果数的倍增数列**

$$2^k = 1, 2, 4, 8, \cdots$$

我们看到,当步数 k 增大时,结果数 2^k 之"巨"是令人无法想象的。这两个数列属于不同的"档次",自然数列 $\{k\}$ 是人们所熟悉的,而**倍增数列** $\{2^k\}$ 虽然形式并不复杂,但它是今日所谓"大数据""大爆炸"的核心和本原,因而**它实际上是人们思维的一个盲区**。

伏羲宝钥正是由这两个数列刻画生成的,如前所述,自然数列描述易图的层数,而倍增数列则记录每一层阴阳元素的个数。因此,当层次增多时伏羲宝钥内元素的个数是大数据。

2.2　大数据的编码策略

在现代的日常生活中,每个人都与形形色色的数码紧密联系着,诸如健康码、身份证号码、支付码之类,名目繁多。为什么要编码,而又怎样编码的呢?

一、命名问题

按照二分裂变的生成规律,一个物种只要繁衍 30 代,其家庭成员就高达 10 多亿。如何给每个成员取个独自的名字而彼此加以区分呢?

在二分裂变过程中,给这个家族的每个成员取个各自专用的"名字",并且要求从每个名字中能辨认出其历代"宗祖",这就是所谓的"命名问题"。

令人难以置信的是,这个看起来十分复杂的命名问题,解决的办法却极其简单,而且仅需使用两个符号,譬如 0 和 1。

将这个家族的成员视为**节点**,在二分裂变过程中,每个节点生成两个节点,新老节点分别称为**子节点**与**母节点**。每演化一步生成一族子节点。

由于二分演化的每个家族成员抽象成二叉树的一个节点,家族成员的命名问题可理解为节点的编码问题。

对于形如图 5 所示的二叉树,节点的编码规则非常简单,只要将母节点的序码末尾添加一位作为它的左右两子节点的序码:譬如,令左节点添加末位 0,而右节点添加末位 1,如图 6 所示。这样生成的编码系统即能满足命名问题的要求。

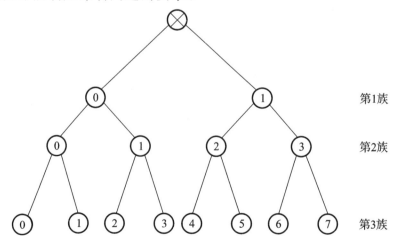

第1族

第2族

第3族

图 5 二叉树的排序方式

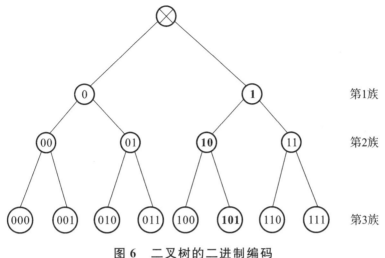

图 6　二叉树的二进制编码

例如,对于图 6 中第 3 族序号为 5 的节点 101,其首位"1"是其第 1 代先祖的姓名,前 2 位"10"则是其第 2 代即母节点的姓名,而末位"1"则是它自身的名字(图 6 用黑体标出相关节点)。

这就圆满地解决了前述命名问题。**节点的这种姓名** $i_{k-1}i_{k-2}\cdots i_0$ **称作序数 i 的序码。** 命名问题的解决预示着"大数据"确实是可以管控的。

二、序列的分与合

表面上看,图 6 所显示的编码过程仅仅是个二分过程,其实,在编码过程的每一步都含有"分"(分裂)与"合"(合成)两种手续,不过在图 6 中,明显的"分"的手续掩盖了伴随的"合"的内涵。

在进一步揭示编码策略之前,先明确几个基本概念。

一个 $2n$ 维序列 $E=\{a_0,a_1,\cdots,a_{2n-1}\}$ 可按下列两项手续**分裂**为两个 n 维序列:

(1)**对半二分**　将 E 分裂为前后两个子序列

$$E_0=\{a_0,a_1,\cdots,a_{n-1}\},\quad E_1=\{a_n,a_{n+1},\cdots,a_{2n-1}\}$$

（2）**奇偶二分**　将 E 分裂为下标分别为奇偶的两个子序列

$$E_0 = \{a_0, a_2 \cdots, a_{2n-2}\}, \quad E_1 = \{a_1, a_3, \cdots, a_{2n-1}\}$$

与上述分裂手续相对应，下列两项手续则将两个 n 维子序列 $E_0 = \{a_0, a_1, \cdots, a_{n-1}\}$ 与 $E_1 = \{b_0, b_1, \cdots, b_{n-1}\}$ 合成一个 $2n$ 维序列：

（1）**首尾接排**　将 E_0, E_1 作为前后两个子序列依次接排，合成为序列

$$E = \{a_0, a_1, \cdots, a_{n-1}, b_0, b_1, \cdots, b_{n-1}\}$$

（2）**奇偶混排**　将 E_0, E_1 作为奇偶两个子序列交替混排，合成为序列

$$E = \{a_0, b_0, a_1, b_1, \cdots, a_{n-1}, b_{n-1}\}$$

值得注意的是，分裂与合成两种手续显然是互反的。后面的论述中将进一步揭示这样的事实：对半二分与奇偶二分两种分裂手续，首尾接排与奇偶混排两种合成手续，它们在某种意义上也具有逆反性与对偶性。

二、二分演化模式

考察图 6 所示的编码过程。设 I_k 为第 k 族节点 $\{0, 1, \cdots, 2^k - 1\}$ 的序码，并将各族序码按图 7 所示的方式顺序排列。

*								I_0
0				1				I_1
00		01		10		11		I_2
000	001	010	011	100	101	110	111	I_3

图 7　序码的逐族排列

从图 7 容易看出，如果将 I_k 对半二分，则其前半为 I_{k-1} 的每个序码添加首位 0，而后半则为 I_{k-1} 的每个序码添加首位 1。这就是说，I_k 可以看作是 I_{k-1} 按下列步骤演化生成的：

- I_{k-1} 的每个序码添加**首位** 0,记所生成的序列为 $I(0)$;
- I_{k-1} 的每个序码添加**首位** 1,记所生成的序列为 $I(1)$;
- $I(0)$ 与 $I(1)$ **首尾接排**合成为 I_k。

这里,前两步合并称为**分裂步**,设用符号"$\wedge$"表示;而第 3 步则称为**合成步**,设用符号"$\vee$"表示。借助于一分一合两种加工手续,图 6 的编码过程亦可表述为图 8(对照图 7)。

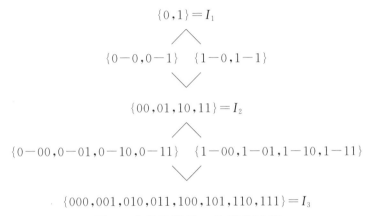

图 8　序数编码的二分演化过程

这是一种全面体现二分技术的**链式流程图**,同树式演化的图 6 比较,图 8 以纵向伸长为代价换取了图 6 横向的压缩。

再考察图 8 的演化过程,其每一步都重复运用相同的演化法则,因此可将其链式流程图抽象为更加简洁的**紧凑格式**,如图 9 所示。

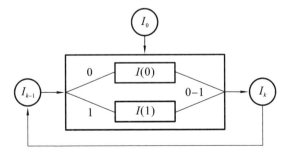

图 9　序数编码的二分演化模式

这种流程图实际上概括了序数编码的设计模式——**二分演化模式**,其中方框括出的部分表示**演化法则**,内含**分裂步**与**合成步**两个环节,分裂步施行 **0 法则**与 **1 法则**两种加工手续,合成步施行 **0-1 法则**。

这样,序数编码过程可表述为:令 $I_0 = \{空\}$,对 $k = 1, 2, \cdots$ 施行下列三项演化法则:

0 法则　将 I_{k-1} 加工成某个序列 $I(0)$;

1 法则　将 I_{k-1} 加工成某个序列 $I(1)$;

0-1 法则　将 $I(0)$ 与 $I(1)$ 合成为 I_k。

可以看到,前述编码方案从属于这种设计模式,除此之外是否还存在其他编码方案?

2.3　倍增数列的编码方案

本节介绍的几种编码方案全都从属于图 9 的二分演化模式,只是演化法则的具体内容不同。

一、自然码与反自然码

图 8 显示了一种编码方案,这种方案很自然,因此称**自然码**,亦称莱布尼茨码。如前所述,自然码 I_k 的演化法则是:

法则 1(自然码)

0 法则　I_{k-1} 添加**首位** 0 生成 $I(0)$;

1 法则　I_{k-1} 添加**首位** 1 生成 $I(1)$;

0-1 法则　$I(0)$ 与 $I(1)$ **首尾接排**合成为 I_k。

进一步考察法则 1 的对偶法则。设将其演化手续中的"首位"替换成"末位",这样演化生成的序码称**反自然码**。反自然码的演化法则是:

法则 2(反自然码)

0 法则　I_{k-1} 添加**末位** 0 生成 $I(0)$；

1 法则　I_{k-1} 添加**末位** 1 生成 $I(1)$；

0-1 法则　$I(0)$ 与 $I(1)$ **首尾接排**合成为 I_k。

反自然码的编码过程如图 10 所示。

$$\{0,1\}=I_1$$

$$\{0-0,1-0\}\quad\{0-1,1-1\}$$

$$\{00,10,01,11\}=I_2$$

$$\{00-0,10-0,01-0,11-0\}\quad\{00-1,10-1,01-1,11-1\}$$

$$\{000,100,010,110,001,101,011,111\}=I_3$$

图 10　反自然码的编码过程

给出一个定义。称高低码位次序倒置产生的序码为原序码的**反写码**。比较法则 2 与法则 1 容易看出，反自然码其实是自然码的反写码。反自然码因此而得名。

二、Gray 码与反 Gray 码

再从另一个角度引进法则 1 的反法则。为此引进反序列的概念。对于给定的序列 $A=\{a_0,a_1,\cdots,a_{n-1}\}$，称前后次序倒置所生成的序列 $B=\{a_{n-1},a_{n-2},\cdots,a_0\}$ 为 A 的**反序列**，并记 $B=\hat{A}$。

再考察法则 1。如果在其 1 法则中用反序列 $\hat{I}_{k-1}$ 替换 I_{k-1}，则这样演化生成的序码 I_k 称为 Gray 码。Gray 码的演化法则是：

法则 3（Gray 码）

0 法则　I_{k-1} 添加**首位** 0 生成 $I(0)$；

1 法则　$\hat{I}_{k-1}$ 添加**首位** 1 生成 $I(1)$；

0-1 法则　$I(0)$ 与 $I(1)$**首尾接排**合成为 I_k。

图 11 展示了 Gray 码的编码过程。

$$\{0,1\}=I_1$$

$$\{0-0,0-1\}\quad\{1-1,1-0\}$$

$$\{00,01,11,10\}=I_2$$

$$\{0-00,0-01,0-11,0-10\}\quad\{1-10,1-11,1-01,1-00\}$$

$$\{000,001,011,010,110,111,101,100\}=I_3$$

图 11　Gray 码的编码过程

　　类似于演化生成反自然码的法则 2，如果将法则 3 中的首位替换成末位，即可演化生成**反 Gray 码**。反 Gray 码的演化法则是：

法则 4（反 Gray 码）

0 法则　I_{k-1} 添加**末位** 0 生成 $I(0)$；

1 法则　$\hat{I}_{k-1}$ 添加**末位** 1 生成 $I(1)$；

0-1 法则　$I(0)$ 与 $I(1)$**首尾接排**合成为 I_k。

　　反 Gray 码的编码过程如图 12 所示。

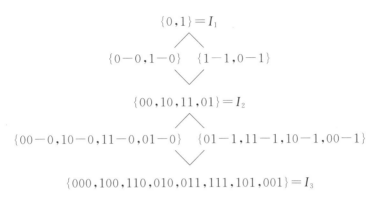

$$\{0,1\}=I_1$$

$$\{0-0,1-0\}\qquad\{1-1,0-1\}$$

$$\{00,10,11,01\}=I_2$$

$$\{00-0,10-0,11-0,01-0\}\qquad\{01-1,11-1,10-1,00-1\}$$

$$\{000,100,110,010,011,111,101,001\}=I_3$$

图 12　反 Gray 码的编码过程

三、对称性复制

对称性的考虑使编码过程的表述进一步简化。

基于对称性,可以运用简单的复制手续演化生成各种序码。复制,亦称克隆(clone),是一种基本的演化手续。所谓复制,就是基于对称性与互反性再现原先的状态。

首先考察自然码的生成。按法则 1 知,由老序列 I_{k-1} 所加工出的新序列 I_k 具有递推关系

$$I_k=\{I(0)\,|\,I(1)\}$$

这里 $I(0)$ 与 $I(1)$ 分别由 I_{k-1} 添加首位 0 与 1 复制生成。由于自然码具有**平移对称性**,因此称这种复制方式为**平移复制**。

这样,运用平移复制可将自然码的演化过程表述为图 13。

*							
0				1			
00		01		10		11	
000	001	010	011	100	101	110	111

图 13　自然码的平移复制过程

再看 Gray 码。据法则 3 知,由 I_{k-1} 生成 I_k 仍有递推关系

$$I_k = \{ I(0) \mid I(1) \}$$

这里 $I(0)$ 仍由 I_{k-1} 添加首位 0 复制生成,而 $I(1)$ 则是由 I_{k-1} 的反序列 $\hat{I}_{k-1}$ 添加首位 1 复制的结果。由于 $I(0)$ 与 $I(1)$ 具有**镜像对称性**,这种复制方式为**镜像复制**。

运用镜像复制技术,Gray 码的演化过程可表述为图 14。

*							
0				1			
00		01		11		10	
000	001	011	010	110	111	101	100

图 14 Gray 码的镜像复制过程

不言而喻,如果将上述复制手续中的"首位"替换成"末位",即可复制生成反自然码与反 Gray 码。可见,自然码、反自然码、Gray 码与反 Gray 码的复制方式都具有鲜明的对称性。

综上所述,序码有不同的编码方案,不同方案基于不同的对称性。对称性有平移对称和镜像对称的区分,它们分别针对"人"和"机"两个方面。对于研究者来讲,人们觉得平移对称更为方便,因此数值分析大都采用自然码。

然而针对计算机的硬件设计,Gray 码更具有独特的优势,下一章将显示这一事实。

第3章　"理想的"互联结构超立方

随着科学与工程计算的迅猛发展,人们对高性能计算的要求越来越高,多处理机系统的规模越来越大,各处理机之间的通信要求和难度也越来越突出,**互联网络已成为并行处理系统的核心组成部分,它对整个计算机系统的性能价格比有着决定性的影响。**

3.1　互联网络的设计

网络设计需要绘制网络设计图,以直观反映网络系统的拓扑结构。

在网络图中,结点代表处理机。**网络规模**是指互联网络中结点的个数。网络规模越大,互联网络的连接能力越强。本文将假定,网络规模 $N=2^n$,n 正整数。

首先介绍几个基本概念。

直接相连的结点称为**相邻结点**。相邻结点的连线称为**边**。

相连两结点的边数称为**路径长度**。相邻结点个数的最大值称为**网络的度数**。

路径长度的最大值称为**网络直径**。

网络设计的基本要求包含两个方面:

(1) 网络的度数与直径两者均尽可能地小。度数越小,网络的结构越简单,直径越小,则网络通信越便捷。

(2) 网络的拓扑结构性能良好,即具有对称性、层次性和稳定性等。

所谓对称性,意指从任意结点来看,网络的结点都是相同的。对称网络实现比较方便,编程比较容易。

互联网络有多种类型。图 15 为**环结构**,其度数取最小值 2,而直径为最大值 $N/2$。与此相反,图 16 为**全连结构**,其直径取最小值 1,而度数取最大值 $N-1$。环结构与全连结构是互连结构两类极端的情形,实用价值不大。

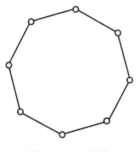

图 15　环结构　　　　　图 16　全连结构

3.2　什么是超立方

大型计算机通常是由一系列同类小型机组装连接生成的。每台小型机称作系统的一个**结点**。

对于大规模并行处理机系统,互联网络的结构设计起着重要的作用。互联网络的结构多种多样,其中以**超立方结构**(见图 17)最引人

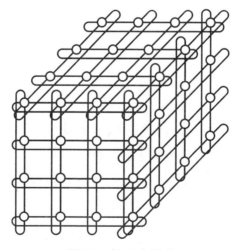

图 17　超立方结构

注目。这类结构形式优美,易于扩充,具有较高的性能价格比,被誉为"理想的"互连结构。

什么是超立方结构呢?

设提供 $N=2^n$ 个结点,结点编号 $i=0,1,2,\cdots,N-1$,将每个结点编号用二进制编码为 $i=i_{n-1}i_{n-2}\cdots i_0$,其中每个码位 $i_r(0\leqslant r\leqslant n-1)$ 非 0 即 1。**如果这个系统中有且仅有 1 个码位不同的两结点相连,则称这个系统为超立方。** $N=2^n$ 个结点的超立方称作是 n 阶的,简称 n 立方。

一、超立方的序码设计

先考察 8 个结点的简单情形。

将所给结点逆时针排列成环状,并将序号表示为自然码,然后令其有且仅有 1 个码位不同的两个结点相连,所生成的 3 立方如图 18 所示。

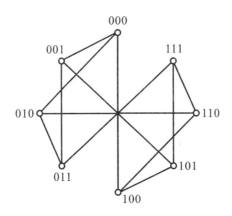

图 18　自然码的 3 立方

我们看到,这样形成的网络图,其连线纵横交错,结构形状复杂。怎样简化网络图呢?

我们换一种做法。仍将所给结点逆时针排列成环状,但将序号表达为 Gray 码,仍令其有且仅有一个码位不同的两个结点相连,则所生成的 3 立方如图 19 所示。

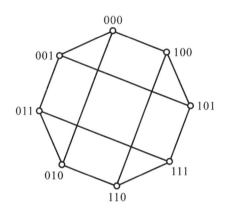

图 19　Gray 码的 3 立方

两者比较差别明显,可见**超立方的设计应选用 Gray 码。**

二、超立方的递推生成

设计超立方时,人们会心有余悸:n 阶超立方拥有 $N = 2^n$ 个结点,当 n 变大时,$N = 2^n$ 会急剧增大,可能是个无法想象的"大数据"。

再者,如果令超立方的阶数逐步提高,即

$$1 \rightarrow 2 \rightarrow 3 \rightarrow \cdots \rightarrow k \rightarrow \cdots \cdots$$

则超立方的结点数会逐步倍增,即

$$2 \rightarrow 4 \rightarrow 8 \rightarrow \cdots \rightarrow 2^k \rightarrow \cdots \cdots$$

在超立方递推设计的过程中,人们会听到"大爆炸"的轰鸣声。设计超立方,难道是在人类思维的"盲区"内操作吗?

现在具体考察超立方的递推设计过程,请参看图 20。

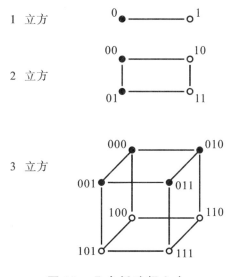

图 20 几个低阶超立方

1 立方为两个结点相连,它是平凡的。

设有**左右并列**的两个 1 立方,连接左右对应结点,即可生成方形结构的 2 立方。

设有**上下对峙**的两个 2 立方,连接上下对应结点,即可生成立方体结构的 3 立方。

概括地说,超立方升阶的手续是:

步 1 提供甲乙两个阶数相同且已编好序码的超立方。

步 2 在甲乙两个超立方中,将结点的序码全部添加一个首码,譬如甲 0 乙 1。

步 3 连接两个超立方中首码互异但其余码位相同的结点,这样生成的网络结构便是高一阶的超立方。

依照这种办法,设提供有**内外**嵌套的两个 3 立方,连接对应结点即可生成 4 立方。如图 21 所示。

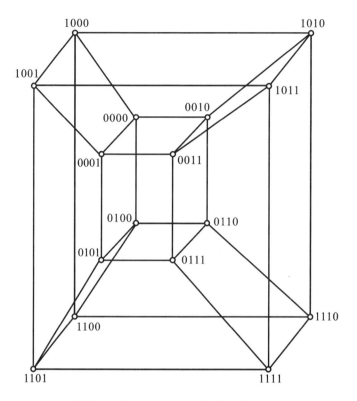

图 21　两个 3 立方合成为 4 个立方

我们看到,超立方的递推设计,原理很简单,但网络图的形状越来越复杂。事实上,5 阶超立方的网络图已经难以绘制了。

可见,高阶超立方网络图的绘制是个数学难题。易图的使用能破解这个难题吗?

3.3　超立方结构的易图绘制

先看 1 立方。将 1 阶易图的底层放置两个结点,易图的第 1 层赋予结点阴阳属性。然后在第 1 层连接两个结点,即生成 1 立方易图,如图 22 所示。

进一步设计 2 立方。先在 2 阶镜像易图的底层准备 4 个结点,并

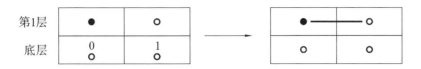

图 22　易图 1 立方的生成

在第 2 层放置两个 1 立方。然后按镜像对称的方式连接第 1 层诸结点,即可生成 2 个立方图,如图 23 所示。

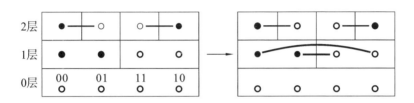

图 23　易图 2 立方的生成

一般地说,从 $k-1$ 阶超立方提升到 k 阶超立方,易图设计很简便,共分两步:

步 1　施行分裂手续,将 2^k 个结点分布在 k 层易图的底层,并在易图顶部(第 1 层除外)设置一对镜像对称的 $k-1$ 阶超立方。

步 2　施行合成手续,在易图第 1 层按镜像对称方式连接诸对应结点,即将两个 $k-1$ 阶超立方合成或为 k 阶超立方。

为简单起见,将结点镜像对称的连接方式缩记为图 24。

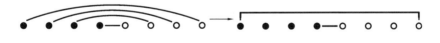

图 24　连接方式缩记

为了从 3 立方扩展到 4 立方(见图 25),需要先后施行以下两项手续:

(1) **分裂手续**。将两个 3 立方依镜像对称方式分布在 4 层易图的上面 3 层。

（2）**合成手续。**在易图第 1 层，依镜像对称方式连接左右两侧诸结点。

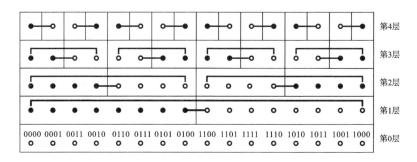

图 25 4 立方易图

显然，上述扩展方法可以继续做下去，就这样，运用易图可以轻而易举地解决高阶超立方网络图绘制的难题。

超立方易图显然具有整体与局部的自相似性，因而它是个分形，形态极为简洁。

基于超立方易图，不但可以很直观地推断出这种网络的一些基本特性，而且还可以比较方便地设计出超立方网络上的并行算法，诸如传播算法、求和算法以及矩阵乘积算法等。

超立方易图为易理"阴阳和，万物生"又提供了一个绝佳的范例。

第4章　Walsh 函数的演化生成

4.1　怪异的 Walsh 函数

一、Walsh 函数的复杂性

1923 年,美国数学家 J. L. Walsh 提出了一个完备的正交函数系,后人称之为 Walsh 函数系。第 k 族第 i 个 Walsh 函数具有如下形式:

$$W_{ki}(x) = \prod_{r=0}^{k-1} \mathrm{sgn}[\cos i_r 2^r \pi x], \quad 0 \leqslant x < 1$$

$$k = 0, 1, 2, \cdots$$

$$i = 0, 1, 2, \cdots, 2^k - 1$$

式中 sgn 是符号函数,当 $x \geqslant 0$ 时 sgn$[x]$ 取值为 $+1$,当 $x < 0$ 时 sgn$[x]$ 取值为 -1,又 i_r 取值 0 或 1 是序数 i 的二进制码:

$$i = \sum_{r=0}^{k-1} i_r 2^r$$

这样,按定义,第 k 族的第 i 个 Walsh 函数 $W_{ki}(x)$ 的作图需要分为三个步骤:

第 1 步,将序数 i 表示为二进制码 $i_{k-1} i_{k-2} \cdots i_0$;

第 2 步,逐步作出 k 个余弦函数 $\cos i_r 2^r \pi x, r = 0, 1, \cdots, k-1$ 的图形;

第 3 步,将 $\cos i_r 2^r \pi x$ 取符号 sgn 并累乘求积生成 $W_{ki}(x)$。

譬如,第 4 族 Walsh 函数含有 16 个函数 $W_{ki}(x), i = 0, 1, \cdots, 15$。试考察其中的一个函数 $W_{4,15}(x)$。注意到序数 15 的二进制码为 1111,因此有表达式

$$W_{4,15}(x) = (\mathrm{sgn}\cos 8\pi x)(\mathrm{sgn}\cos 4\pi x)(\mathrm{sgn}\cos 2\pi x)(\mathrm{sgn}\cos \pi x)$$

由此可见,依照 Walsh 函数 $W_{ki}(x)$ 的表达式绘制它的波形图往往是很困难的,要比三角函数困难得多。

二、Walsh 函数的波形图

图 26 列出了前面 16 个 Walsh 函数的波形,其中第 1 个(标号 0)组成第 0 族,前两个(标号 0 与 1)组成第 1 族,前 4 个(标号 0, 1, 2, 3)组成第 2 族,依此类推,前 16 个组成第 4 族 Walsh 函数。

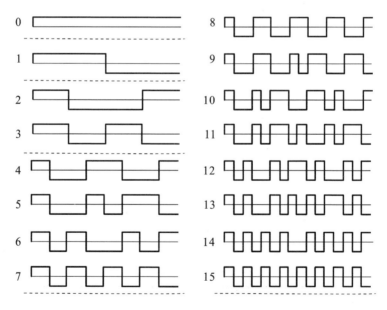

图 26　Walsh 函数的波形图

可以看到,Walsh 函数取值简单,它仅取 ± 1 两个值,但其波形却很复杂——似乎比三角函数要复杂得多,以致依据定义很难作出它们的图形。

另一方面,由于表达式中含有符号运算 sgn,Walsh 函数是一批几乎处处不连续的"怪异函数"(见图 26),经典的微积分方法在这里难以施展身手。Walsh 函数系的形态怪异与表达式的复杂性使人们对它望而却步,在被提出后的许多年里,它一直默默无闻不被人们所重视。

J. L. Walsh 是一位著名的数学家,他是美国科学院院士,曾担任过美国数学会主席。这位大数学家竟然也不欣赏自己的这一创造,在庆祝他 70 寿辰时出版的论文集中,竟未收录他于 1923 年提出 Walsh 函数的那篇论文。

直到 20 世纪的 60 年代末,人们才惊异地发现,Walsh 函数可应用于信号处理的众多领域,诸如通信、声呐、雷达、图像处理、语音识别、遥控遥测、仪表、医学、天文、地质等等。美国应用数学家 H. F. Harmuth 因此惊人地预言:

Walsh 分析的研究将导致一场革命,就像十七、十八世纪的微积分那样。

在 H. F. Harmuth 等人的鼓动下,20 世纪 70 年代初在国际上掀起一阵"Walsh 分析热",当时每年都召开相关的国际会议。H. F. Harmuth 于 1977 年出版了关于 Walsh 函数序率理论的专著,试图奠定 Walsh 函数的数学基础。然而具有讽刺意味的是,由于 Walsh 函数的序率特性远比三角函数的频率特性复杂,序率理论的建立非但没有激起人们更大的热情,反而在客观上泼了冷水。70 年代一度升温的"Walsh 分析热"竟然昙花一现,关于 Walsh 分析的研究又坠入低谷。

"真"必然"美"。有着广泛应用的 Walsh 函数为什么不美呢? 关于 Walsh 分析的研究果真能导致"一场革命"吗?

似乎已是"山穷水复疑无路"了。该怎么办呢? 还能"柳暗花明又一村"吗?

问题在于,为了撩开 Walsh 函数玄妙而神秘的面纱,必须要换一种思维方式进行考察。为使 Walsh 分析的研究导致"一场革命",首先意味着思维方式的更新。

4.2 Walsh 函数的代数化

本章将限定在区间 $[0,1)$ 上考察 Walsh 函数。由于自变量 x 在实际应用中通常代表时间,因此称区间 $[0,1)$ 为**时基**。另外,本章始终约定 $N=2^n$,n 为正整数。

一、时基上的二分集

由图 26 可以看出,Walsh 函数是时基上的阶跃函数,每个 Walsh 函数在给定分划的每个子段上取定值 $+1$ 或 -1。怎样刻画 Walsh 函数所依赖的分划呢?

为便于刻画 Walsh 函数的跃变特征,我们首先引进**二分集**的概念。设将时基 $E_1=[0,1)$ 对半二分,其左右两个小段合并为区间集 E_2:

$$E_2=\left[0,\frac{1}{2}\right)\cup\left[\frac{1}{2},1\right)$$

再将 E_2 的每个子段对半二分,又得含有 4 个子段的区间集 E_4:

$$E_4=\left[0,\frac{1}{4}\right)\cup\left[\frac{1}{4},\frac{1}{2}\right)\cup\left[\frac{1}{2},\frac{3}{4}\right)\cup\left[\frac{3}{4},1\right)$$

如此二分下去,二分 $n=\log_2 N$ 次所得的区间集含有 N 个子段:

$$E_N=\bigcup_{i=0}^{N-1}\left[\frac{i}{N},\frac{i+1}{N}\right)$$

这样得出的区间集 $E_N(N=1,2,4,\cdots)$ 称之为时基上的**二分集**,如图 27 所示。

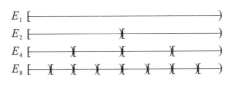

图 27 时基上的二分集

在二分集的每个子段上取定值的函数称作二分集上的**阶跃函数**。阶跃函数在某一子段上的函数值称**阶跃值**。

现在的问题是,**如何在二分集 E_N 的各个子段上布值 $+1$ 与 -1 以设计出一个完备的正交函数系。实际上,这种函数系就是 Walsh 函数系。**

二、Walsh **函数系的源头**

由于阶跃函数可表示为离散化的向量形式,因而能为计算机所接受,特别适用于计算机上的数据处理。在这种意义上,二分集上的阶跃函数是计算机函数。

特别地,仅取 ± 1 两个值的阶跃函数称作**开关函数**。为规范起见,约定开关函数第一个阶跃值(即最左侧的子段上的函数值)为 $+1$。

在各种形式的开关函数中,最简单的自然是**方波**

$$R(x)=1, \quad 0 \leqslant x < 1$$

然而这个函数过于平凡而显得"空虚",其中似乎不含任何信息。"波"的含义是波动、起伏。照这样理解,时基上的方波似乎过于平凡。具有波动性的最简单的波形是 Haar **波**,即

$$H(x)=\begin{cases} +1, & 0 \leqslant x < \dfrac{1}{2} \\ -1, & \dfrac{1}{2} \leqslant x < 1 \end{cases}$$

由图 26 知,方波与 Haar 波都是 Walsh 函数系的源头。

三、Walsh 函数的矩阵表示

现在的问题是,如何在二分集 $E_N(N=1,2,4,\cdots)$ 的每个子段上布值 $+1$ 和 -1,以生成一个完备的正交函数系——Walsh 函数系。设 $N=2^n$,二分集 E_N 上 Walsh 函数的全体称为**第 n 族 Walsh 函数**,记之为 W_N,其中含有 N 个 Walsh 函数。图 26 列出了第 4 族的 16 个函数 W_{16} 的波形。

特别地,W_1 仅含一个函数,即方波 $R(x)$,而 W_2 所含的两个 Walsh 函数则是方波 $R(x)$ 与 Haar 波 $H(x)$。

本章简记 $+1$,-1 为 $+$,$-$。

由于 W_N 中每个函数在二分集 E_N 的每个子段上取值 $+$ 或 $-$,因而它们可表示为 N 维向量,这样,W_N 中 Walsh 函数的全体可表示为一个 N 阶方阵,称之为 Walsh 方阵,仍记为 W_N。

据图 26 容易看出,前面几个低阶 Walsh 方阵如图 28 所示。

$$W_1=\begin{bmatrix}+\end{bmatrix},\quad W_2=\begin{bmatrix}+ & + \\ + & -\end{bmatrix}$$

$$W_4=\begin{bmatrix}+ & + & + & + \\ + & + & - & - \\ + & - & - & + \\ + & - & + & -\end{bmatrix}$$

$$W_8=\begin{bmatrix}+ & + & + & + & + & + & + & + \\ + & + & + & + & - & - & - & - \\ + & + & - & - & - & - & + & + \\ + & + & - & - & + & + & - & - \\ + & - & - & + & + & - & - & + \\ + & - & - & + & - & + & + & - \\ + & - & + & - & - & + & - & + \\ + & - & + & - & + & - & + & -\end{bmatrix}$$

图 28　几个低阶 Walsh 方阵

请读者据图 26 列出 Walsh 方阵 W_{16}。

Walsh 方阵看上去仍是个复杂系统,这个复杂系统中究竟潜藏着怎样的奥秘呢?

4.3　Walsh 二分演化系统

一、二分演化概述

本节将运用二分演化技术,逐步演化生成 Walsh 函数系

$$W_1 \Rightarrow W_2 \Rightarrow W_4 \Rightarrow W_8 \Rightarrow \cdots$$

运用本章引论中所述的"伏羲宝钥",这里的二分模式如图 29 所示。

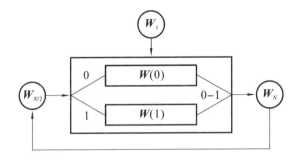

图 29　Walsh 二分演化模式

图中方框部分规定的演化法则分为**分裂步**(一分为二)与**合成步**(合二为一)两个环节。分裂步对 $W_{N/2}$ 施行 **0 法则**与 **1 法则**两种加工手续,分别生成 $W(0)$ 和 $W(1)$ 两种成分;合成步施行 **0-1 法则**,将 $W(0)$ 和 $W(1)$ 合成为新一族的 W_N。

首先考察作为 Walsh 函数系第 1 族的方波 $R(x)$ 与 Haar 波 $H(x)$,它们在二分集 E_2 上的向量形式分别为

$$R(x) = [+ \quad +]$$

$$H(x) = [+ \quad -]$$

它们两者显然具有不同的对称性：$R(x)$ 呈（镜像）偶对称，而 $H(x)$ 呈奇对称；或者说，$R(x)$ 呈（平移）正对称，而 $H(x)$ 呈反对称。在这种意义下，自然认为方波与 Haar 波互为**反函数**。

因而，Walsh 方阵从 $W_1 = [+]$ 到 $W_2 = \begin{bmatrix} + & + \\ + & - \end{bmatrix}$ 的二分演化机制如图 30 所示。

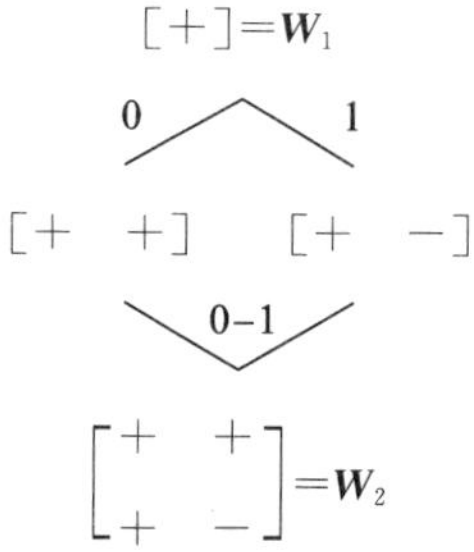

图 30　$W_1 \Rightarrow W_2$ 的二分演化

这个演化过程可以有多种理解。其中，分裂步（0 法则与 1 法则）既可以理解为镜像复制的偶复制与奇复制，亦可理解为平移复制的正复制与反复制；此外，合成步（0-1 法则）既可以理解为奇偶混排，也可以理解为首尾接排（参看前文 2.2 节）。这就是说，图 30 所示的二分演化机制可理解为多种演化方式（见表 5）。

表 5　Walsh 函数的演化方式

分裂步	合成步	
	奇偶混排	首尾接排
镜像复制	方式 I	
平移复制	方式 II	方式 III

这样, Walsh 函数将有多种排序方式。

二、Walsh 序

首先考察分裂步/合成步分别为镜像复制/奇偶混排的演化方式（表 5 中的演化方式Ⅰ），这样演化生成的 Walsh 函数系称作是 Walsh 序的。Walsh 序的 Walsh 方阵仍记作 W_N，简称为 Walsh 阵。Walsh 阵 W_N 的演化法则是

法则 1（Walsh 序）

0 法则　$W_{N/2}$ 偶复制生成 $W(0)$；

1 法则　$W_{N/2}$ 奇复制生成 $W(1)$；

0-1 法则　$W(0)$ 与 $W(1)$ 奇偶混排合成 W_N。

显然，W_1 按法则 1 演化生成 W_2（见图 30）。W_2 再演化一次，有如图 31 所示的二分演化。

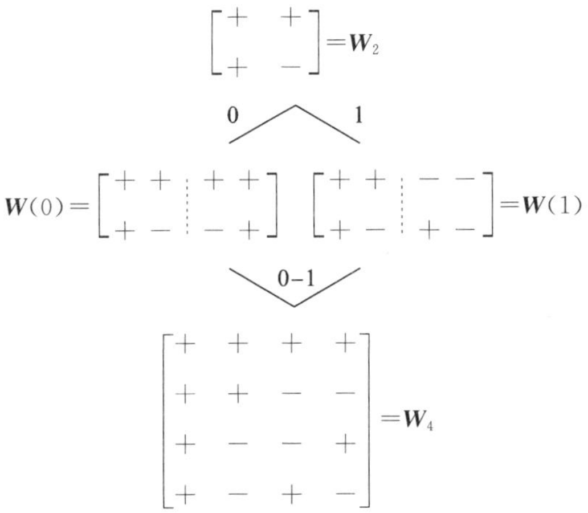

$$\begin{bmatrix} + & + \\ + & - \end{bmatrix} = W_2$$

$$0 \diagdown 1$$

$$W(0) = \begin{bmatrix} + & + & \vdots & + & + \\ + & - & \vdots & - & + \end{bmatrix} \quad \begin{bmatrix} + & + & \vdots & - & - \\ + & - & \vdots & + & - \end{bmatrix} = W(1)$$

$$0\text{-}1$$

$$\begin{bmatrix} + & + & + & + \\ + & + & - & - \\ + & - & - & + \\ + & - & + & - \end{bmatrix} = W_4$$

图 31　$W_2 \Rightarrow W_4$ 的二分演化

对 W_4 按法则 1 再演化一次即得 Walsh 阵 W_8，如图 32 所示。

$$\begin{bmatrix} + & + & + & + \\ + & + & - & - \\ + & - & - & + \\ + & - & + & - \end{bmatrix} = \boldsymbol{W}_4$$

0 1

$$\left[\begin{array}{cccc:cccc} + & + & + & + & + & + & + & + \\ + & + & - & - & - & - & + & + \\ + & - & - & + & + & - & - & + \\ + & - & + & - & - & + & - & + \end{array}\right] \quad \left[\begin{array}{cccc:cccc} + & + & + & + & - & - & - & - \\ + & + & - & - & + & + & - & - \\ + & - & - & + & - & + & + & - \\ + & - & + & - & + & - & + & - \end{array}\right]$$

0-1

$$\left[\begin{array}{cccc:cccc} + & + & + & + & + & + & + & + \\ + & + & + & + & - & - & - & - \\ + & + & - & - & - & - & + & + \\ + & + & - & - & + & + & - & - \\ \hdashline + & - & - & + & + & - & - & + \\ + & - & - & + & - & + & + & - \\ + & - & + & - & - & + & - & + \\ + & - & + & - & + & - & + & - \end{array}\right] = \boldsymbol{W}_8$$

图 32　$\boldsymbol{W}_4 \Rightarrow \boldsymbol{W}_8$ 的二分演化

上述二分演化方法不仅手续简便，而且效率高。在演化过程中 Walsh 阵的阶数是逐步倍增的。每演化一次，Walsh 函数的个数增加一倍。

比较上述 Walsh 阵与图 28 所列出的 Walsh 方阵，容易看出，Walsh 阵所表达的正是原始定义的 Walsh 函数。

三、Paley 序

进一步考察表 5 中的演化方式Ⅱ。

设将法则 1 中的镜像复制替换为平移复制，这样演化生成的 Walsh 函数系称作是 Paley 序的。R. E. Paley 于 1932 年导出了这种

Walsh 函数系。

设将 Paley 序的 N 阶 Walsh 方阵记作 $\boldsymbol{P}_N$,简称为 Paley **阵**。这里令 $\boldsymbol{P}_1=[+]$,Paley 阵 $\boldsymbol{P}_N$ 演化法则是

> **法则 2**(Paley 序)
>
> **0 法则**　$\boldsymbol{P}_{N/2}$ 平移正复制生成 $\boldsymbol{P}(0)$;
>
> **1 法则**　$\boldsymbol{P}_{N/2}$ 平移反复制生成 $\boldsymbol{P}(1)$;
>
> **0-1 法则**　$\boldsymbol{P}(0)$ 与 $\boldsymbol{P}(1)$ 奇偶混排合成 $\boldsymbol{P}_N$。

不言而喻,从 $\boldsymbol{P}_1=[+]$ 出发,按法则 2 依然演化生成 $\boldsymbol{P}_2=\begin{bmatrix}+&+\\+&-\end{bmatrix}$。再演化一次,有如图 33 所示的二分演化。

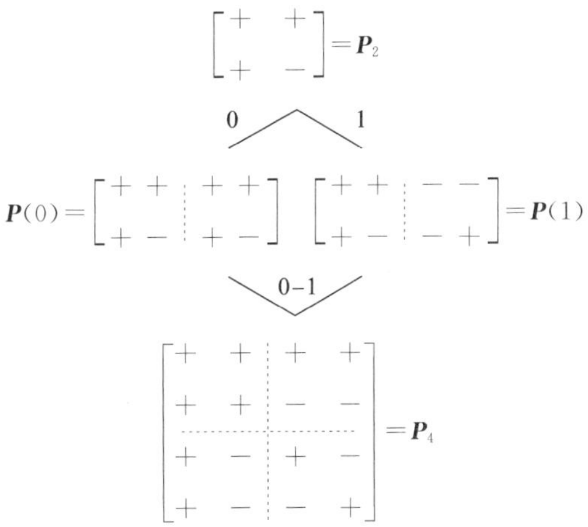

图 33　$\boldsymbol{P}_2\Rightarrow\boldsymbol{P}_4$ 的二分演化

进一步按法则 2 演化,得出如图 34 所示的 Paley 阵 $\boldsymbol{P}_8$。

同 Walsh 阵 $\boldsymbol{W}_N$ 比较,Paley 阵 $\boldsymbol{P}_N$ 只是排序方式不同,不过人们更习惯于处理平移对称,因而感到 Paley 阵的演化过程比 Walsh 阵的演化过程更为"自然"。

$$\begin{bmatrix} + & + & + & + \\ + & + & - & - \\ + & - & + & - \\ + & - & - & + \end{bmatrix} = \boldsymbol{P}_4$$

0　　1

$$\left[\begin{array}{cccc:cccc} + & + & + & + & + & + & + & + \\ + & + & - & - & + & + & - & - \\ + & - & + & - & + & - & + & - \\ + & - & - & + & + & - & - & + \end{array}\right] \quad \left[\begin{array}{cccc:cccc} + & + & + & + & - & - & - & - \\ + & + & - & - & - & - & + & + \\ + & - & + & - & - & + & - & + \\ + & - & - & + & - & + & + & - \end{array}\right]$$

0-1

$$\left[\begin{array}{cccc:cccc} + & + & + & + & + & + & + & + \\ + & + & + & + & - & - & - & - \\ + & + & - & - & + & + & - & - \\ + & + & - & - & - & - & + & + \\ \hdashline + & - & + & - & + & - & + & - \\ + & - & + & - & - & + & - & + \\ + & - & - & + & + & - & - & + \\ + & - & - & + & - & + & + & - \end{array}\right] = \boldsymbol{P}_8$$

图 34　$\boldsymbol{P}_4 \Rightarrow \boldsymbol{P}_8$ 的二分演化

四、Hadamard 序

再考察表 5 的演化方式Ⅲ。

同奇偶混排比较，首尾接排的合成方式更为“自然”。进一步将法则 2 的奇偶混排替换为首尾接排，这样，分裂步/合成步按平移复制/首尾接排的方式演化生成的 Walsh 函数称作是 Hadamard **序**的。Hadamard 序的 Walsh 方阵简称为 Hadamard **阵**，记作 $\boldsymbol{H}_N$。

Hadamard 阵 $\boldsymbol{H}_N$ 的演化法则是

> **法则 3**（Hadamard 序）
>
> **0 法则**　$\boldsymbol{H}_{N/2}$ 平移正复制生成 $\boldsymbol{H}(0)$；
>
> **1 法则**　$\boldsymbol{H}_{N/2}$ 平移反复制生成 $\boldsymbol{H}(1)$；
>
> **0-1 法则**　$\boldsymbol{H}(0)$ 与 $\boldsymbol{H}(1)$ 首尾接排合成 $\boldsymbol{H}_N$。

仍然从 $\boldsymbol{H}_1 = [+]$ 出发，依法则 3 演化生成 $\boldsymbol{H}_2 = \begin{bmatrix} + & + \\ + & - \end{bmatrix}$，进一

步演化两次,如图 35 和图 36 所示。

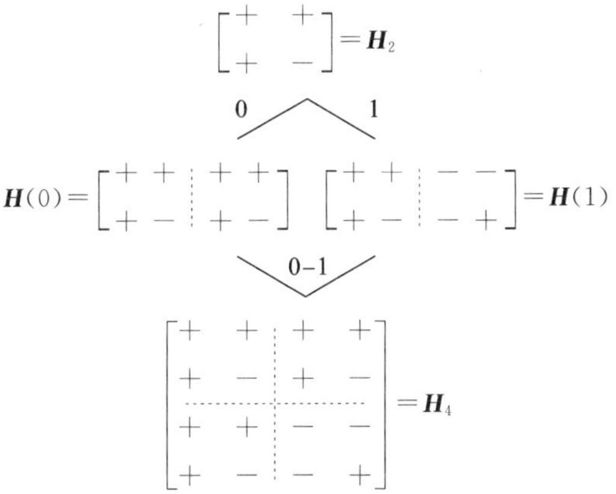

$$\begin{bmatrix} + & + \\ + & - \end{bmatrix} = \boldsymbol{H}_2$$

$$\boldsymbol{H}(0) = \begin{bmatrix} + & + & + & + \\ + & - & + & - \end{bmatrix} \quad \begin{bmatrix} + & + & - & - \\ + & - & - & + \end{bmatrix} = \boldsymbol{H}(1)$$

$$\begin{bmatrix} + & + & + & + \\ + & - & + & - \\ + & + & - & - \\ + & - & - & + \end{bmatrix} = \boldsymbol{H}_4$$

图 35　$\boldsymbol{H}_2 \Rightarrow \boldsymbol{H}_4$ 的二分演化

$$\begin{bmatrix} + & + & + & + \\ + & - & + & - \\ + & + & - & - \\ + & - & - & + \end{bmatrix} = \boldsymbol{H}_4$$

$$\begin{bmatrix} + & + & + & + & + & + & + & + \\ + & - & + & - & + & - & + & - \\ + & + & - & - & + & + & - & - \\ + & - & - & + & + & - & - & + \end{bmatrix} \quad \begin{bmatrix} + & + & + & + & - & - & - & - \\ + & - & + & - & - & + & - & + \\ + & + & - & - & - & - & + & + \\ + & - & - & + & - & + & + & - \end{bmatrix}$$

$$\begin{bmatrix} + & + & + & + & + & + & + & + \\ + & - & + & - & + & - & + & - \\ + & + & - & - & + & + & - & - \\ + & - & - & + & + & - & - & + \\ + & + & + & + & - & - & - & - \\ + & - & + & - & - & + & - & + \\ + & + & - & - & - & - & + & + \\ + & - & - & + & - & + & + & - \end{bmatrix} = \boldsymbol{H}_8$$

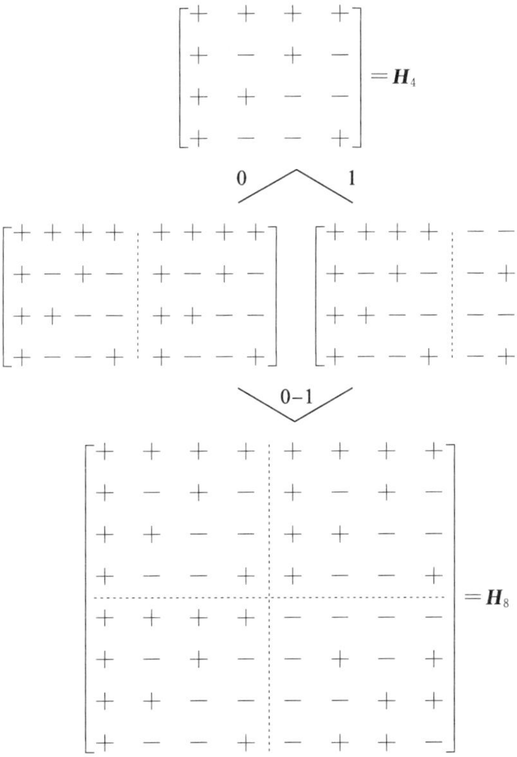

图 36　$\boldsymbol{H}_4 \Rightarrow \boldsymbol{H}_8$ 的二分演化

总之,本节基于二分演化机制,总共给出了 3 种不同的排序方式,如表 6 所示。

表 6　Walsh 函数的排序方式

分裂步	合成步	
	奇偶混排	首尾接排
镜像复制	Walsh 序（法则 1）	
平移复制	Paley 序（法则 2）	Hadamard 序（法则 3）

　　Walsh 函数的上述排序方式已被传统的 Walsh 分析所确认,不过这里的处理方法与传统做法迥然不同。我们看到,运用二分演化机制生成 Walsh 函数只是一蹴而就的事,其原理容易被理解,其方法容易被掌握。二分演化机制深刻地揭示出了 Walsh 函数的本质。

4.4　Hadamard 阵的复制技术

一、块复制

　　特别值得指出是,上述 Hadamard 阵的演化过程可以更简洁地表达为

$$[+] = H_1 \Rightarrow \begin{bmatrix} H_1 & H_1 \\ H_1 & -H_1 \end{bmatrix}$$

$$= H_2 \Rightarrow \begin{bmatrix} H_2 & H_2 \\ H_2 & -H_2 \end{bmatrix}$$

$$= H_4 \Rightarrow \begin{bmatrix} H_4 & H_4 \\ H_4 & -H_4 \end{bmatrix} = H_8$$

即 Hadamard 阵有递推关系式

$$H_N = \begin{bmatrix} H_{N/2} & H_{N/2} \\ H_{N/2} & -H_{N/2} \end{bmatrix}$$

这样,在生成 Hadamard 阵 H_N 时,可用整块 $H_{N/2}$ 作为复制对象,这种

复制方式称为**块复制**。

从 $H_1 = [+]$ 出发，按上述递推关系式反复施行**块复制**可逐步生成各阶 Hadamard 阵：

$$[+] \Rightarrow \begin{bmatrix} + & + \\ + & - \end{bmatrix} \Rightarrow \begin{bmatrix} + & + & + & + \\ + & - & + & - \\ + & + & - & - \\ + & - & - & + \end{bmatrix}$$

$$\Rightarrow \begin{bmatrix} + & + & + & + & + & + & + & + \\ + & - & + & - & + & - & + & - \\ + & + & - & - & + & + & - & - \\ + & - & - & + & + & - & - & + \\ + & + & + & + & - & - & - & - \\ + & - & + & - & - & + & - & + \\ + & + & - & - & - & - & + & + \\ + & - & - & + & - & + & + & - \end{bmatrix} \Rightarrow \cdots$$

二、点复制

块复制方法还可以换一个视角来考察。不难证明，对于 Hadamard 阵，只要对 $H_{N/2}$ 中的每个元素施行变换

$$[+] \Rightarrow \begin{bmatrix} + & + \\ + & - \end{bmatrix}, \quad [-] \Rightarrow \begin{bmatrix} - & - \\ - & + \end{bmatrix}$$

即可生成 H_N。

对矩阵中的每个元素进行加工的这种方法称作**点复制**。下面描述 Hadamard 阵的点复制过程：

$$[+] \Rightarrow \begin{bmatrix} + & + \\ + & - \end{bmatrix} \Rightarrow \begin{bmatrix} + & + & + & + \\ + & - & + & - \\ + & + & - & - \\ + & - & - & + \end{bmatrix}$$

$$\Rightarrow \begin{bmatrix} + & + & + & + & + & + & + & + \\ + & - & + & - & + & - & + & - \\ + & + & - & - & + & + & - & - \\ + & - & - & + & + & - & - & + \\ + & + & + & + & - & - & - & - \\ + & - & + & - & - & + & - & + \\ + & + & - & - & - & - & + & + \\ + & - & - & + & - & + & + & - \end{bmatrix} \Rightarrow \cdots$$

耐人寻味的是,由于上述点复制过程反复运用嵌入手续,因此所生成的矩阵具有无限精细的自相似结构。这就是说,**Hadamard 阵本质上是分形。**

这里揭示出一个有趣的事实,关于 Walsh 演化分析的研究直通分形,或者说,Walsh 函数其实就是某种意义下的分形。

人们把分形誉为大自然的几何学。分形几何创造了一系列美的形象,使人们获得了美的享受。Walsh 函数直通分形这一事实,使 Walsh 函数一下子升华到某种高超的境界,呈现出一种"悠悠心会,妙处难与君说"的朦胧美。

4.5 百年绝唱三首数学诗

简朴是数学美的一个重要标记。数学的目的就是追求简单性。微积分的逼近法是数学美的光辉典范。

一、微积分的逼近法

经典数学的基础是微积分。从微积分的观点看,在一切函数中,以多项式最为简单。能否用简单的多项式来逼近一般函数呢?众所周知的 Taylor 分析(1715 年)肯定了这一事实。Taylor 级数

$$f(x) \sim \sum_{k=0}^{\infty} \frac{f^{(k)}(x_0)}{k!}(x-x_0)^k$$

表明，一般的光滑函数 $f(x)$ 可用多项式来近似地刻画。Taylor 分析是 18 世纪初的一项重大的数学成就。

　　然而 Taylor 分析存在严重的缺陷：它的条件很苛刻，要求 $f(x)$ 足够光滑并提供出它的各阶导数值 $f^{(k)}(x_0)$；此外，Taylor 分析的整体逼近效果差，它仅能保证在展开点 x_0 的某个邻域内有效。

　　时移物换，百年之后 Fourier 指出，"**任何函数，无论怎样复杂，均可表示为三角级数的形式**"：

$$f(x) \sim \frac{a_0}{2} + \sum_{k=1}^{\infty} (a_k \cos 2\pi kx + b_k \sin 2\pi kx), \quad 0 \leqslant x < 1$$

这就是今日被称作"Fourier 分析"的数学方法。著名数学家 M. Kline 评价这一数学成就是"19 世纪数学的第一大步，并且是真正极为重要的一步"。

　　Fourier 关于任意函数都可以表达为三角级数这一思想被誉为**"数学史上最大胆、最辉煌的概念"**。

　　Fourier 的成就使人们从 Taylor 分析的理想函数类中解放出来。Fourier 分析不仅放宽了光滑性的限制，还保证了整体的逼近效果。

　　从数学美的角度来看，Fourier 分析也比 Taylor 分析更美，其基函数系——三角函数系是一个完备的正交函数系。尤其值得注意的是，这个函数系可以视作是由一个简单函数 $\cos x$ 经过简单的伸缩平移变换加工而成的。Fourier 分析表明，**任何复杂函数都可以借助于简单函数 $\cos x$ 来刻画**，即

$$\cos x \xrightarrow{\text{伸缩＋平移}} \text{三角函数系} \xrightarrow{\text{组合}} \text{任意函数 } f(x)$$

　　这是一个惊人的事实。在这里，被逼近函数 $f(x)$ 的"繁"与逼近工具 $\cos x$ 的"简"两者反差很大，因此 Fourier **逼近很美**。Fourier 分析在数学史上被誉为**"一首数学的诗"**，Fourier 则有**"数学诗人"**的美称。

二、Walsh 分析的数学美

前文揭示出一个惊人的事实：表面看起来极其复杂的 Walsh 函数系，竟然是由一个简单得不能再简单的方波 $R(x)=1$ 演化生成的。实际上，从方波 $R(x)$ 出发，经过伸缩、平移的二分手续，即可演化生成 Walsh 函数系。Walsh 函数系是一个完备的正交函数系，它可以用来逼近一般的复杂函数。这样，Walsh 逼近有下述路线图：

$$R(x)=1 \xrightarrow[\text{（二分手续）}]{\text{伸缩＋平移}} \text{Walsh 函数系} \xrightarrow{\text{组合}} \text{复杂函数 } f(x)$$

与 Fourier 分析相比，Walsh 分析更为简洁，它表明，在某种意义上，任何复杂函数 $f(x)$ 都是简单的方波 $R(x)=1$ 二分演化的结果。

综上所述，数学史上近三个世纪提出的三种逼近方法，即 18 世纪初（1715 年）的 Taylor 分析、19 世纪初（1822 年）的 Fourier 分析和 20 世纪初（1923 年）的 Walsh 分析，它们都是数学美的光辉典范，是"**百年绝唱三首数学诗**"。

值得强调指出的是，这些逼近工具一个比一个更美。Fourier 分析具有深度的数学美，而 Walsh 分析则具有**极度的数学美**。

跋语 新科学·新思维·新数学

新时代呼唤新科学

一、20 世纪的科学炫耀复杂

回顾已经过去的 20 世纪,谁也不会否认这样的事实:这个世纪的科学技术取得了惊人的成就,在科学史上谱写了辉煌的篇章。

20 世纪末,具有远见卓识的学者们意识到人类科学正面临着一个新的转折点。1984 年,在诺贝尔奖获得者 P. W. Anderson、M. Gell-Mann 和 K. S. Arrow 等人的支持下,美国一批从事物理、经济、生物、计算机等学科的研究人员创建了著名的圣塔菲研究所(Santa Fe Institute,SFI),试图探求未来科学的思维方式。SFI 首任所长 G. A. Cowan 尖锐地指出:

"通往诺贝尔奖的堂皇道路,通常是由简化论和还原论的思维方式取得的。这就造成了科学上越来越多的破裂片。而**真实的世界要求我们用更加整体的眼光去看问题。**"

SFI 认为,从局部到整体必然会导致研究问题的复杂化,他们将未来科学命名为"**复杂科学**"。

回顾 20 世纪的科学,可描述为"山雨欲来风满楼"。

其实,简单和复杂是相通的。它们两者是矛盾的统一体。

众所周知,流体运动的物理机制是复杂的。刻画这种机制的 Navier-Stokes 方程,虽然人们运用现代计算机对它研究了半个多世纪,但至今仍未获得完全的成功。而令人感到不可思议的是,运用所谓格子 Boltzmann 方法,基于某种相当简单的数学模型,在计算机上只要反复执行少许几条程序代码,竟能惟妙惟肖地再现一些复杂的物理现象。

我们深信:**最复杂的事物可能具有最简单的演化机制;最简单的模型可能发展成最复杂的形态。大道至简,极端复杂可能就等于极端简单。**

繁简互易,数理交融。"易"是变易,是变通。"理"泛指科学理论。我们追求学科的交叉渗透,追求数学方法与科学理论水乳交融、和谐统一的"新境界"。

二、三问 Wolfram 的"新科学"

我们已进入科学技术迅猛发展的新时代。今天,新事物层出不穷,令人眼花缭乱。在新的千禧之年来临之际,人们正在充满激情地发问,未来的新科学会有怎样的新风采?

2002 年,美国学者 S. Wolfram 推出了他的鸿篇巨制《**一种新科学**》(*A New Kind of Science*),该书表达了这样一种观点:"宇宙不过是几行程序代码","**让计算机反复地执行极其简单的运算法则,即可使之发展成为异常复杂的模型,进而解释各种自然现象**"。

S. Wolfram 所概括出的"**简单的重复生成复杂**"这一原理被学术界推崇为"与牛顿万有引力原理相媲美的科学金字塔"。

S. Wolfram 是个科学奇才,他 15 岁就发表了粒子物理方面的学术论文;1981 年,22 岁的 S. Wolfram 被授予美国麦克阿瑟"天才人物奖"。他曾担任伊利诺伊大学的物理学、数学和计算机科学教授。他此后创办公司,开发了一款科学计算软件 Mathematica 而大获成功,积累了相当多的财富。20 世纪 90 年代,S. Wolfram 闭门"修炼"10 余年,思考"全新的"学术结构,直至推出专著《一种新科学》。

按照 S. Wolfram 的观点,**传统数学注定要失败,因为它过于偏重严密的证明。**他不相信自然系统仅仅遵循传统的数学定律。他在《一种新科学》的序言指出:

"在此书中我的目的是用简单的电脑程序来表达更加一般类型的规律,并在此种规律基础上建立一种新科学,从而启动一场科学变革。"

我们赞同"简单的重复生成复杂"这个信条,但有下述三个方面的问题需要同 S. Wolfram 商榷。

其一,**"新科学"的双向内涵。**

"新科学"通过大量的计算机实验,由已知的"简单"生成形形色色的"复杂"。这些"复杂"大多是事先无法预测的。

然而"复杂"与"简单"的关系是双向的,即一方面以简御繁,从"简单"演化生成"复杂";另一方面**化繁为简,即依据已知的"复杂",寻求能重复生成这种"复杂"的"简单"。**

后者是前者的反问题。**人们更感兴趣的往往是依据"复杂"探求"简单"的反问题。**譬如导出 Walsh 函数的"简单"。

其二,**"新科学"的哲学思辨。**

科学与哲学是紧密关联的。许多亿年以前,虚空中一次莫名其妙的"大爆炸"无中生有地诞生了我们这个宇宙。不言而喻,研究这个宇宙单靠科学方法是不够的,还要依靠人的思维能力,需要运用哲学思辨。

"新科学"缺乏深邃的哲理背景。据说 S. Wolfram"新科学"的研究团队认为,"新科学"在某种程度上重新发现了中国几千年的哲学思想,认为"新科学"与中华古代哲学是相通的,但在 S. Wolfram 的著作《一种新科学》中并没有就此作出说明与发挥。

"新科学"仰赖新思维。

其三,"新科学"的数学基础。

古希腊人早就明确指出,数学是探究宇宙奥秘的钥匙,数学是科学理论的精髓。顺应科学形态的改变,数学方法必然要发生深刻变革。

S. Wolfram 提出的"新科学"试图"丢弃"传统数学的微积分方法以及烦琐的几何证明,试问代之以怎样的数学体系呢?

"新科学"需要新数学。

总之,我们认为,新科学、新思维、新数学,应当三位一体地通盘进行设计,三者缺一不可。创立这种大一统的学术体系既是一场规模宏大的科学革命,也是一场深刻的思想革命,同时又是一场彻底的数学革命。

新科学仰赖新思维

一、新科学展现新的世界图景

从 15 世纪下半叶起,科学产生了巨大的飞跃。以牛顿为代表的一大批科学家摆脱了"中世纪的幽灵",创立了经典物理学与经典数学,极大地推动了自然科学和工业革命的迅猛发展。

从 19 世纪末起物理学又发生了一次巨大的飞跃。以爱因斯坦为首的一批卓越的物理学家创立了相对论和量子力学,为现代物理学奠定了理论基础。现代物理学突破了经典物理学形而上学的局限,揭开了现代科学大革命的序幕。

从经典科学发展到现代科学,必将导致一场深刻的科学革命,因为两者从属于不同的宇宙观。

按照牛顿描绘的世界图景,宇宙间的各种星体由于上帝的"第一推动"而运转起来,并将沿着固定的轨道永远这样循环往复地运转下去,亿万斯年,永世不变。

现代物理学则给出了截然不同的世界图景:宇宙的前身是一种被称为"宇宙蛋"的极为紧致、极为炽热的混沌状态,在大约 200 亿年前宇宙蛋的一次莫名其妙的"大爆炸"中诞生了宇宙。宇宙演化速度之快令人咋舌:居然在大爆炸后的 10^{-36} 秒内就奠定了宇宙的物质基础,三分钟内造就出物质世界丰富多彩的内容……

近代天文望远镜观察发现,银河系外的星系正以极快的速度远离我们"逃逸"而去,而且越远的星系跑得越快。这表明**宇宙直到今天仍在不断膨胀的演化过程之中。**

宇宙是演化的。生物是演化的。时至今日,辩证法关于发展的观点,即事物从简单到复杂、从低级到高级不断演化的观点,已经被自然科学界认为是无需认证的常识了。

然而数学界却缺乏这种"常识"。两千多年来,亚里士多德的阴影一直笼罩着数学领域:数学的主题是不变的,数学不涉及客观存在。

演化的大自然呼唤着新数学,演化数学在新时代应运而生并且正蓬勃发展着!

二、古朴的中华传统文化

人类文明的进步需要多元文化的支撑,然而在近四五百年时间内,具有五千年悠久历史的中华传统文化竟然被排斥在近代科学思潮之外,造成西方文化一枝独秀的畸形态势,取消了文化多元互补的张力,这是极不正常的局面。现今以机械唯物主义自然观为指导的西方经典科学已发展到极致,进一步的发展需要从思维方式上有一个新的突破,为了实现这种突破,根本的出路是从东方先哲的大智慧中汲取营养。

在浩若繁星的中华古籍中,有本被誉为万经之首的《易经》,易理中潜藏有被莱布尼茨誉为"伏羲宝钥"的二分演分机制。

伏羲宝钥的二分演化机制表明,中华传统文化既是务实的,又是简约的,因此容易为人们所广泛理解且普遍使用,从而世代传承,生生不息。

据此不难理解,在人类四大古文明中,包括古巴比伦文明、古埃及文明和古印度文明,唯有我中华文明延绵五千年而从未中断,一直传承至今。**中华文明是具有超强生命力的永葆青春的人类超级文明。**

新思维孕育新数学

一、为演化数学呐喊

一谈起阴阳八卦,人们往往会瞠目结舌:算命先生搞的那一套,难道能运用于科学研究?其实,同一事物,不同的人有不同的看法,在不同的人眼里有不同的含义。仁者见仁,智者见智。同一本《周易》,术士从中看到了算命术,哲学家从中看到了辩证法,刘徽从中看到了"割圆术",莱布尼茨从中看到了二进制和新数学的"伏羲宝钥"。

"伏羲宝钥"是《周易》蕴含的思维方式,这种思维方式深刻地揭示了现代数学的演化机理。我们将这种演化机理具体化,提出了所谓"二分演化模式",并基于"二分模式"提出了"演化数学"的观念。

演化数学的提出受启于中国古代贤哲的数学思想和数学技术,演化数学具有中国传统数学的内涵。

演化数学拥有丰富的现代化内容。它与现代计算机包括每秒千百亿次的超级计算机,在结构设计、算法设计方面是紧密耦合的。演化数学的二分模式普遍适用于数值计算、数据处理的众多领域。

演化数学追求现代数学的大统一。它希望能容纳小波、分形、混沌等众多数学分支,归纳出这些数学分支的共性——共同的思维特征与统一的研究方法。

二、演化数学的基本特色

所谓演化数学,通俗地说,就是破解大数据问题的一种数学体系。关于大数据问题,我们约定是含有

$$N = 2^n, \quad n = 0, 1, 2, 3, \cdots$$

个参数的数学问题。

破解这种大数据问题,自然会想到采取"大事化小"的规模缩减策略,逐步缩减所给问题的规模,直到得出它的解。

由于二分法是最简单的缩减策略,因此二分演化机制是演化数学的思想根源。

不言而喻,演化数学与传统的演绎数学迥然不同,两者有着本质的差异。

● 演绎数学是数量数学,演绎数学用形式逻辑对数量进行人工推演这种做法是人们熟知的。然而,演化数学主要表现为矩阵态。如前述 Walsh 演化所看到的那样。演化数学用矩阵块作为数学元素,矩阵块的演化又分逐步倍增(表示进化)和逐步倍减(表示退化)两种情况。前述 Walsh 函数的演化生成是进化的情况,然而 Walsh 变换的快速算法则是退化的情形。

● 演绎数学依靠人力的推演,效率低下。演绎数学中一些所谓数学猜想,虽然先贤早已猜出了问题的答案,然而后辈给出演绎过程却耗费了大量精力,其复杂程度往往令人无法想象。

演化数学的态势则全然不同,只要初态的设定明晰,设计的二分手续准确,则演化数学的推理过程只是简单的重复。

155

特别地，正如本书下卷一些实例所显示的那样，二分演化过程的重复表现为对称性复制。前文已指出复制俗称克隆，是计算机上一类最为简单的加工手续。在这个意义上演化数学可称作"克隆数学"。

● 众所周知，演绎数学推崇公理化系统，追求系统封闭性的"天衣无缝"。事实已经证明，这个目标是虚幻的，不现实的。

与此截然不同，演化数学的二分演化机制是个开放式的"万能挂靠系统"，从刘徽割圆术的筹算，直到今日大显神通的超算，二分演化机制彰显出超强的生命力。演化数学是中华文明历经数千年长盛不衰的数学。

相反相成。我们深信，正如前文"Walsh 函数的演化生成"所显示的那样，作为东西方数学文化结晶的演算数学与演绎数学，最终一定会相互结识、彼此交融，生成新的演化数学，引领数学进入发展的新阶段。

参 考 文 献

[1] M.克莱因.古今数学思想(第2册)[M].北京大学数学系数学史翻译组,译.上海:上海科学技术出版社,1979.

[2] 蔡聪明.Leibniz如何想出微积分?[J].数学传播,1994,18(3):1-14.

[3] 五来欣造.儒教对于德国政治思想的影响[M].刘百闵,刘燕谷,译.北京:商务印书馆,1938.

[4] 王能超.莱布尼茨:从差和分到微积分[M].北京:高等教育出版社,2021.

[5] M.克莱因.古今数学思想(第1册)[M].张理京,张锦炎,译.上海:上海科学技术出版社,1979.

[6] 王能超.探秘古希腊数学[M].北京:高等教育出版社,2016.

[7] M.克莱因.数学:确定性的丧失[M].李宏魁,译.长沙:湖南科学技术出版社,1997.

[8] Eli Maor.勾股定理:悠悠4000年的故事[M].冯速,译.北京:人民邮电出版社,2010.

[9] 吴文俊.我国古代测望之学重差理论评价兼评数学史研究中的某些方法问题[M]//中国科学院自然科学史研究所数学史组.科学史文集(第8辑):数学史专辑.上海:上海科学技术出版社,1982.

[10] 王能超.千古绝技《割圆术》——刘徽的大智慧[M].2版.武汉:华中科技大学出版社,2003.

[11] 王能超,王学东.中华神算(上册)[M].武汉:华中科技大学出版社,2018.

［12］王能超,王学东.中华神算（下册）［M］.武汉:华中科技大学出版社,2018.

［13］王能超.算法演化论［M］.北京:高等教育出版社,2008.

［14］王超超.同步并行算法设计［M］.北京:科学出版社,1996.